新农村建设丛书

农民科学选种及致富选项 400 问

12316 新农村热线专家组　组编

U0321593

吉林出版集团股份有限公司

图书在版编目（CIP）数据

农民科学选种及致富选项 400 问/12316 新农村热线专家组　组编．－长春：吉林出版集团股份有限公司，2008.12

（新农村建设丛书）

ISBN 978-7-80762-547-6

Ⅰ．农…　Ⅱ．1.…　Ⅲ．选种－问答　Ⅳ．S333－44

中国版本图书馆 CIP 数据核字（2008）第 210150 号

农民科学选种及致富选项 400 问

NONGMIN KEXUE XUANZHONG JI ZHIFU XUANXIANG 400 WEN

组编　12316 新农村热线专家组

责任编辑　李　娇

出版发行　吉林出版集团股份有限公司

印刷　三河市祥宏印务有限公司

2008 年 12 月第 1 版　　2019 年 8 月第 13 次印刷

开本　850×1168mm　1/32　　印张　4.5　字数　106 千

ISBN 978-7-80762-547-6　　定价　19.00 元

社址　长春市人民大街 4646 号　　邮编　130021

电话　0431－85661172　　传真　0431－85618721

电子邮箱　xnc408@163.com

版权所有　翻印必究

如有印装质量问题，可寄本社退换

《新农村建设丛书》编委会

农民科学选种及致富选项 400 问（上篇）

农民科学选种及致富选项 400 问（下篇）

出版说明

　　《新农村建设丛书》是一套针对"农家书屋""阳光工程""春风工程"专门编写的丛书，是吉林出版集团组织多家科研院所及千余位农业专家和涉农学科学者倾力打造的精品工程。

　　丛书内容编写突出科学性、实用性和通俗性，开本、装帧、定价强调适合农村特点，做到让农民买得起，看得懂，用得上。希望本书能够成为一套社会主义新农村建设的指导用书，成为一套指导农民增产增收、脱贫致富、提高自身文化素质、更新观念的学习资料，成为农民的良师益友。

目　　录

上篇　农民选种用种

一、农作物种子基本常识

1. 什么是农作物种子 …………………………………………………… 1

2. 农作物具体包括哪些作物 ……………………………………… 1

3. 主要农作物包括哪些 …………………………………………… 1

4. 什么是非主要农作物种子 ……………………………………… 2

5. 什么是育种家种子 ……………………………………………… 2

6. 什么是原种 ……………………………………………………… 2

7. 什么是生产用杂交种子 ………………………………………… 2

8. 什么是杂种优势 ………………………………………………… 2

9. 杂种二代为什么不能留做种子使用 …………………………… 2

10. 什么是大田用种 ……………………………………………… 3

11. 什么是混合种子 ……………………………………………… 3

12. 什么是认证种子 ……………………………………………… 3

13. 什么是转基因种子 …………………………………………… 3

14. 什么是种质资源 ……………………………………………… 3

15. 什么是自交系原种 …………………………………………… 3

16. 什么是亲本自交系种子 ……………………………………… 3

17. 什么是授权品种 ……………………………………………… 3

18. 什么是植物新品种 …………………………………………… 3

19. 什么是商品种子 ……………………………………………… 4

20. 什么是药剂处理种子 ………………………………………… 4

21. 什么是种子的生命力 ………………………………………… 4

22. 农作物种子的寿命有多长 ………………… 4

23. 什么是种子标签 ………………………… 4

24. 种子标签应该标注哪些内容 …………… 4

25. 种子标签哪些内容必须直接印制在包装物表面或者制成
印刷品固定在包装物外面 ………………… 5

26. 什么部门负责农作物种子管理工作 ……… 5

27. 农作物种子需要检疫吗 …………………… 5

二、农作物品种布局与定向

28. 什么是农作物品种 ……………………… 5

29. 什么是优良品种 ………………………… 5

30. 农作物品种为什么会出现退化 …………… 6

31. 什么是品种审定 ………………………… 6

32. 哪些农作物品种在推广应用前必须通过审定 …… 6

33. 非主要农作物品种在推广前需要审定吗 …… 6

34. 农民种植未审品种种子有什么风险 ……… 7

35. 农作物品种国家级审定与省级审定有什么不同 …… 7

36. 国审品种比省审品种好吗 ………………… 7

37. 主要农作物品种可以超审定范围推广种植吗 …… 7

38. 相邻省(区、市)审定的品种可以在本省推广吗 …… 8

39. 非法经营、推广应当审定而未经审定通过的农作物品种
种子应负什么法律责任 …………………… 8

40. 什么是品种的适宜区域 …………………… 8

41. 农作物品种通过国家或省级审定,但适宜区域不包括
当地,是否属于未经审定通过的品种 ……… 8

42. 青贮玉米、黏玉米是不是主要农作物 ……… 8

43. 吉林省晚熟区主推、搭配的玉米品种主要有哪些 …… 8

44. 吉林省中晚熟区主推、搭配的玉米品种主要有哪些 …… 9

45. 吉林省中熟区主推、搭配的玉米品种主要有哪些 …… 9

46. 吉林省中早熟区主推、搭配的玉米品种主要有哪些 …… 9

47. 吉林省早熟区主推、搭配的玉米品种主要有哪些 …………… 9

48. 吉林省晚熟区主推、搭配的水稻品种主要有哪些 …………… 9

49. 吉林省中晚熟区主推、搭配的水稻品种主要有哪些 ……… 10

50. 吉林省中熟区主推、搭配的水稻品种主要有哪些 ………… 10

51. 吉林省中早熟区主推、搭配的水稻品种主要有哪些 ……… 10

52. 吉林省早熟区主推、搭配的水稻品种主要有哪些 ………… 10

53. 吉林省晚熟区主推、搭配的大豆品种主要有哪些 ………… 10

54. 吉林省中晚熟区主推、搭配的大豆品种主要有哪些 ……… 11

55. 吉林省中熟区主推、搭配的大豆品种主要有哪些 ………… 11

56. 吉林省中早熟区主推、搭配的大豆品种主要有哪些 ……… 11

57. 吉林省早熟区主推、搭配的大豆品种主要有哪些 ………… 11

三、农作物种子质量与鉴别

58. 什么是农作物种子质量 …………………………………… 11

59. 玉米单交种的种子质量标准有哪些 ……………………… 12

60. 水稻常规种的种子质量标准有哪些 ……………………… 12

61. 大豆常规种的种子质量标准有哪些 ……………………… 12

62. 高粱杂交种的种子质量标准有哪些 ……………………… 12

63. 西瓜杂交种子的质量标准有哪些 ………………………… 12

64. 什么是假种子 ……………………………………………… 13

65. 什么是劣质种子 …………………………………………… 13

66. 如何用视觉来判断种子质量 ……………………………… 13

67. 如何用嗅觉来判断种子质量 ……………………………… 13

68. 如何用手来判断种子水分 ………………………………… 14

69. 如何用牙齿来判断种子水分 ……………………………… 14

70. 如何用听觉来判断种子水分 ……………………………… 14

71. 种子的分级标准包括哪几项质量指标 …………………… 14

72. 鉴定玉米种子纯度应在哪几个生长期进行，主要根据
    哪些性状鉴定 …………………………………………… 14

73. 测定种子净度时怎样区别净种子,其他植物种子和杂质 … 14

74. 种子是否有保质期 ……………………………………… 15

四、农民朋友如何选择良种

75. 农民朋友选择农作物品种应坚持哪些基本原则 ……… 15
76. 目前国审(适宜吉林省)、吉林省省审的玉米品种主要
    有哪些 …………………………………………………… 15
77. 目前国审(适宜吉林省)、吉林省省审的水稻品种主要
    有哪些 …………………………………………………… 19
78. 目前国审(适宜吉林省)、吉林省省审的大豆品种主要
    有哪些 …………………………………………………… 22
79. 目前,吉林省省审的高粱品种主要有哪些 …………… 23
80. 农民朋友在选购种子时应当注意哪些问题 …………… 24
81. 哪些种子经营者是合法的种子经营者 ………………… 24
82. 2007 年吉林省农委评定的诚信种子企业有哪些 …… 24
83. 什么是高淀粉玉米?高淀粉玉米品种主要有哪些 …… 25
84. 什么是高油玉米?高油玉米品种主要有哪些 ………… 25
85. 什么是饲料玉米?饲料玉米品种主要有哪些 ………… 25
86. 什么是糯玉米?糯玉米品种主要有哪些 ……………… 25
87. 什么是高油大豆?高油大豆品种主要有哪些 ………… 25
88. 什么是高蛋白大豆?高蛋白大豆品种主要有哪些 …… 26
89. 什么是出口型小粒豆?出口型小粒豆品种主要有哪些 …… 26
90. 什么是优质水稻?优质水稻品种主要有哪些 ………… 26
91. 农民朋友如何从外观上判断新、陈玉米种子 ………… 26
92. 农民朋友怎样才能做到"良种良法"配套 …………… 26
93. 农民朋友在购种时有哪些权益 ………………………… 26
94. 农民朋友在选择品种时如何做到合理搭配 …………… 27
95. 农民朋友怎样因地选种 ………………………………… 27
96. 农民朋友怎样根据前茬选种 …………………………… 27
97. 农民朋友如何根据降水和积温选种 …………………… 27
98. 农民朋友购种时如何仔细查看种子包装标签 ………… 28

99. 农民朋友在购买种子时要做到哪四"不" ……………… 28

100. 农民朋友应在哪些地方买种子 ………………………… 28

101. 农民购种后为什么要索取并保存种子销售凭证 ……… 28

102. 价位越高越是好种子吗 ………………………………… 29

103. 新品种一定比老品种好吗 ……………………………… 29

104. 去年哪个品种高产今年接着种就会高产吗 …………… 29

105. 为什么在购种前要先预测市场 ………………………… 30

106. 为什么在选种时最好实行多品种搭配 ………………… 30

107. 如何准确辨别蔬菜种子的新陈 ………………………… 30

五、农民朋友如何贮藏保管良种

108. 种子贮藏的目的和任务是什么 ………………………… 31

109. 农民朋友购种后如何贮藏 ……………………………… 31

110. 如何安全贮藏保管种衣剂 ……………………………… 31

111. 种子为什么不能与化肥一起存放 ……………………… 31

112. 种子生了虫子怎么办 …………………………………… 32

113. 玉米种子如何安全贮藏 ………………………………… 32

114. 如何防止水稻种子霉变 ………………………………… 32

115. 怎样贮藏高粱种子 ……………………………………… 32

116. 怎样贮藏好大豆种子 …………………………………… 33

117. 家庭贮存良种防蛀虫的方法有哪些 …………………… 33

六、农民朋友如何使用良种

118. 什么是活动积温和有效积温 …………………………… 33

119. 如何划分早、中、晚熟品种 …………………………… 34

120. 如何用"土法"做发芽试验 …………………………… 34

121. 标准的种子发芽要具备哪些条件 ……………………… 34

122. 如何计算玉米的种植株距 ……………………………… 35

123. 合理密植的原则是什么 ………………………………… 35

124. 玉米田间密度过大有哪些弊端 ………………………… 35

125. 什么叫种衣剂 …………………………………………… 36

126. 种衣剂有哪些作用 ……………………………………… 36

127. 怎样选用种衣剂 ………………………………………… 36

128. 如何安全使用种衣剂 …………………………………… 36

129. 种衣剂中毒后有哪些症状 ……………………………… 37

130. 种衣剂中毒后怎样解救 ………………………………… 37

131. 浸种有什么好处 ………………………………………… 37

132. 浸种多长时间才适当 …………………………………… 37

133. 常用的水稻浸种方法主要有哪些 ……………………… 38

134. 什么时间喷除草剂效果最好 …………………………… 38

135. 农作物常用的种植方式有哪几种 ……………………… 38

136. 为什么间种、套种可以增产 …………………………… 39

137. 玉米稳产高产应采取哪些技术措施 …………………… 39

138. 为什么地膜覆盖可以增产 ……………………………… 39

139. 玉米高产栽培技术主要有哪些 ………………………… 39

140. 什么是无霜期 …………………………………………… 40

141. 玉米在生长过程中有哪些主要时期,生产上这些时期应
     如何进行管理 ………………………………………… 40

142. 陈蔬菜种子可以使用吗 ………………………………… 41

143. 如何判断玉米是否成熟 ………………………………… 41

144. 玉米"棒三叶"指的是哪几片叶子,其在生产上有什么
     重要意义 ……………………………………………… 41

145. 玉米对氮、磷、钾的需要量及吸收规律是什么 ………… 41

146. 玉米空秆发生的主要原因是什么?如何预防 ………… 42

147. 玉米生长中需要哪些营养元素 ………………………… 42

148. 化学除草剂有哪几类 …………………………………… 42

149. 使用化学除草剂应注意哪几个问题 …………………… 42

150. 玉米田除草剂药害发生的主要原因是什么 …………… 43

七、农民朋友因种子质量问题造成损失如何维权

151. 农民朋友使用种子发生民事纠纷应如何解决 ………… 43

152. 种子出现质量问题之后,应当向谁索赔 ············· 44

153. 农民朋友因涉种问题在维权时应注意什么 ········· 44

154. 生产经营假劣种子应承担什么责任 ············· 44

155. 农民朋友如果买到劣质种子应如何投诉 ········· 44

156. 什么是种子质量田间现场鉴定 ··············· 45

157. 为什么农民朋友在提出田间现场鉴定申请时要慎重 ··· 45

158. 农民朋友应如何选择合适的田间现场鉴定受理机构 ··· 45

159. 农民朋友如何填写田间现场鉴定申请 ········· 46

160. 为什么需鉴定的地块要保持自然状态 ········· 46

161. 农民朋友在申请田间现场鉴定时,为什么要珍惜选择
专家的权利 ···························· 47

162. 农民朋友在田间现场鉴定时有哪些义务 ········· 47

163. 为什么申请农作物种子质量纠纷田间现场鉴定要及时 ··· 47

164. 农作物种子质量纠纷田间现场鉴定由谁来提出申请 ··· 48

165. 农作物种子质量纠纷田间现场鉴定由谁组织 ······· 48

166. 在什么情况下种子管理机构可以不受理农作物种子质量
纠纷田间现场鉴定的申请 ··············· 48

167. 参加农作物种子质量纠纷田间现场鉴定的专家要具备
什么条件 ···························· 48

168. 种子质量纠纷田间现场鉴定的专家鉴定组人数应为
多少 ······························ 49

169. 什么情况可以终止现场鉴定 ··············· 49

170. 对农作物种子质量纠纷田间现场鉴定书有异议时
怎么办 ···························· 49

171. 在什么情况下,种子质量纠纷田间现场鉴定书无效 ······· 49

172. 种子下地前发现所购种子存在质量问题的,
应该怎么办 ························ 49

173. 为什么大量购种时双方应共同封存种子样品 ······· 49

174. 农民朋友预防种子质量纠纷应注意哪些问题 ······· 50

175. 可得利益损失如何计算 …………………………………… 50

176. 农民个人自行繁育的种子是否可以出售、串换 ……… 50

177. 经营单位可否以"示范(试验)"名义销售未审定品种
种子 ……………………………………………………… 50

八、农作物常见的病虫害与防治

178. 玉米地使用了除草剂,为什么附近的西瓜地却受到了
药害 ……………………………………………………… 51

179. 玉米"抽薹"及"甩鞭"的原因是什么,如何补救 ……… 51

180. 什么是玉米丝黑穗病? 如何防治 ……………………… 51

181. 玉米出现"黄脚"现象的主要原因是什么 ……………… 52

182. 为什么玉米会"秃尖" ………………………………… 52

183. 如何防治玉米粗缩病 …………………………………… 53

184. 如何防治地下害虫(蝼蛄、蛴螬和地老虎) ………… 53

185. 如何防治地上害虫(玉米螟、黏虫和蚜虫) ………… 53

186. 玉米"糊巴"叶子是怎么回事,如何防治 ……………… 54

187. 玉米蚜虫是怎样为害玉米造成减产的 ………………… 54

188. 种植的玉米品种倒伏,其主要原因是什么 …………… 54

189. 玉米产生药害,主要有哪些症状 ……………………… 55

190. 玉米缺锌,会出现哪些症状 …………………………… 55

191. 玉米茎腐病发生的根源是什么 ………………………… 56

192. 玉米茎腐病的发病特征有哪些 ………………………… 56

193. 玉米纹枯病的症状如何 ………………………………… 56

194. 玉米缺磷的症状有哪些 ………………………………… 57

195. 玉米缺钾的症状有哪些 ………………………………… 57

196. 玉米"白化苗"是怎么回事 …………………………… 57

197. 为什么有些玉米结很多穗(娃娃穗) ………………… 58

198. 防治玉米"多穗"应采取哪些主要措施 ……………… 58

199. 玉米"红叶"是怎么回事 ……………………………… 59

200. 有些玉米品种苗期为什么叶片卷曲? 玉米苗期有的

品种为什么会产生"甩大鞭"现象 ·············· 59

下篇　农民致富选项

一、忠言篇

201. 有没有谁都适合的好项目 ·············· 60

202. 有来料加工的活儿吗 ·············· 60

203. 投资小见效快的项目可靠吗 ·············· 60

204. 选项与当地资源有关系吗 ·············· 61

205. 选项一定要有兴趣吗 ·············· 61

206. 养殖选项一定要有技术吗 ·············· 61

207. 选项一定要看市场前景吗 ·············· 61

208. 有需求就一定有利润吗 ·············· 62

209. 价格波峰时进入有风险吗 ·············· 62

210. 价格波谷时进入有商机吗 ·············· 63

211. 选项要投石问路吗 ·············· 63

212. 对有些致富信息怎么看 ·············· 63

213. 先交钱后交货的方式可靠吗 ·············· 63

214. 签订合同就保险了吗 ·············· 64

215. 签订产品回收合同最容易忽视的条款是什么 ·············· 64

216. 种养项目有暴利的吗 ·············· 64

217. 媒体信息需要分析吗 ·············· 65

218. 媒体广告能轻信吗 ·············· 65

219. 建厂是否要考虑对环境的影响 ·············· 65

220. 加工项目有资源就能上吗 ·············· 65

221. 诚信与效益有必然的联系吗 ·············· 66

222. 动歪心眼赚昧心钱能长远吗 ·············· 66

223. 一家一户的生产与国际市场有关系吗 ·············· 66

224. 科研成果就一定能开发利用吗 ·············· 67

225. 主流媒体播报的种植、养殖项目也要考察吗 ·············· 67

226. 搞调查有技巧吗 ·············· 67

227. 保证回收就不用看市场需求吗 ········ 68

228. 选项前应有什么样的思想准备 ········ 68

229. 看准的项目第一步怎么走 ·········· 68

230. 对自己要有个正确的估计吗 ········· 69

231. 什么是"阳光工程" ············· 69

232. 阳光工程培训能成才吗 ··········· 69

233. 自主创业一定要有技能吗 ·········· 70

234. 有了技能在家也能用得上吗 ········· 70

235. 进城就业的防身武器是什么 ········· 70

236. 出国劳务应注意什么问题 ·········· 71

二、种植篇

237. 种植玉米的经济效益如何 ·········· 71

238. 吉林省玉米深加工企业有哪些优势 ····· 71

239. 玉米都有什么用途 ············· 72

240. 影响玉米价格的因素有哪些 ········· 72

241. 玉米高产的因素是什么 ··········· 72

242. 为什么玉米品种要专用化 ·········· 73

243. 什么是特用玉米 ·············· 73

244. 什么是水果玉米 ·············· 73

245. 甜玉米适合吉林省种植吗 ·········· 73

246. 吉林省糯玉米的种植加工能形成产业吗 ··· 74

247. 爆裂玉米效益高吗 ············· 74

248. 养殖户适合种植哪种玉米 ·········· 74

249. 笋玉米种植有何限制条件 ·········· 75

250. 黄豆是怎样变"金豆"的 ··········· 75

251. 标准化种植能带来什么好处 ········· 75

252. 深加工能使小粒黄豆资源变财富吗 ····· 76

253. 苗木生产能形成产业化吗 ·········· 76

254. 切花生产前景怎样 ……………………… 76

255. 市场紧缺的苗木有哪些 ………………… 77

256. 造型苗木效益怎样 ……………………… 77

257. 市场需求灌木品种有哪些 ……………… 77

258. 彩色树受欢迎吗 ………………………… 78

259. 果树可以成为城市绿化的树种吗 ……… 78

260. 容器花卉苗木能成为市场新宠吗 ……… 78

261. 五味子种植的必要条件是什么 ………… 78

262. 五味子种植存在的主要风险是什么 …… 79

263. 种植五味子投资构成有哪些 …………… 79

264. 种植五味子的经济效益如何 …………… 79

265. 为什么说发展林下参前景广阔 ………… 80

266. 为什么说无公害人参栽培是参业发展的必由之路 …… 80

267. 穿地龙能人工种植吗 …………………… 81

268. 穿地龙市场前景怎样 …………………… 81

269. "五马店"牌平贝母是怎样产生的 ……… 81

270. 种植平贝母的最佳模式是什么 ………… 81

271. 种植地黄需要什么条件 ………………… 82

272. 北方地黄是怎样进入全国市场的 ……… 82

273. 芽苗菜市场需求怎么样 ………………… 82

274. 小根蒜大田人工种植可以吗 …………… 83

275. 小根蒜的最佳种植模式是怎样的 ……… 83

276. 种西瓜也要组织起来吗 ………………… 83

277. 多大的西瓜好卖 ………………………… 83

278. 水果黄瓜的特点是什么 ………………… 84

279. 种植水果黄瓜效益怎样 ………………… 84

280. 吉林省干辣椒产业状况如何 …………… 84

281. 早春种植大棚辣椒效益如何 …………… 85

282. 种植秋延后辣椒增值潜力怎样 ………… 85

283. 如何进行毛葱与辣椒套种 ································· 85

284. 如何进行辣椒与玉米间种 ································· 85

285. 种植秋延后番茄效益怎样 ································· 86

286. 早春日光温室种植番茄能致富吗 ···················· 86

287. 吉林省地栽黑木耳区域有选择吗 ···················· 86

288. 地栽黑木耳市场前景怎样 ································· 87

289. 地栽黑木耳经济效益怎样 ································· 87

290. 冬虫夏草能人工种植吗 ································· 87

291. 吉林省是否适合栽培蛹虫草 ························· 88

292. 羊肚菌人工栽培的现状及前景如何 ··············· 88

293. 温室袋栽香菇效益如何 ································· 88

294. 简易棚生产花菇需要什么条件 ······················ 88

295. 地栽香菇有区域限制吗 ································· 89

296. 如何预防和应对卖菇难 ································· 89

297. 平菇市场需求怎样 ······································· 89

298. 栽培平菇应具备什么条件才能有高收益 ········· 90

三、养殖篇

299. 吉林省有什么马品种 ···································· 91

300. "吉林马"可以作为肉马品种吗 ····················· 91

301. 马肉的营养怎样 ··· 91

302. 马肉好卖吗 ··· 92

303. 一匹马的价值是多少 ···································· 92

304. 出口企业的账是怎样算的 ······························ 92

305. 出口企业的数量和质量要求是什么 ················ 93

306. 当前马肉的供需关系有矛盾吗 ······················ 93

307. 原始饲养马的方法是否要淘汰 ······················ 93

308. 现代饲养马的方法有哪些 ····························· 94

309. 出口育肥企业需要什么样的马 ······················ 94

310. 适宜马的饲料有哪些种类 ····························· 94

311. 干草饲喂马有什么讲究 …………………… 95

312. 农户的养马商机在哪 ……………………… 95

313. 选择养马需要有哪些条件 ………………… 95

314. 肉用驴的价值怎样 ………………………… 96

315. 驴产品龙头企业有哪些 …………………… 96

316. 养肉用驴能形成产业吗 …………………… 96

317. 肉用驴品种怎样选择 ……………………… 96

318. 日本和牛为什么被称为"国宝" ………… 97

319. 长白山黑牛是什么品种 …………………… 97

320. 养杂交肉用牛的优势有哪些 ……………… 97

321. 肉用羊品种改良是怎样的态势 …………… 98

322. 舍饲肉用羊应注意什么问题 ……………… 98

323. 为什么要选择好的绒山羊品种 …………… 99

324. 绒山羊养殖哪种方式好 …………………… 99

325. 绒山羊养殖经济效益怎样 ………………… 99

326. 少量养殖奶山羊有账算吗 ……………… 100

327. 野猪肉有什么特点 ……………………… 100

328. 特种野猪有什么优势 …………………… 100

329. 养特种野猪效益怎样 …………………… 100

330. 发酵床养猪有什么好处 ………………… 101

331. 发酵床养猪效益怎样 …………………… 101

332. 鹅产品市场前景怎样 …………………… 101

333. 养鹅效益怎样 …………………………… 101

334. 吉林省养殖的鹅有哪些品种 …………… 102

335. 种草养鹅的效益怎样 …………………… 102

336. 稻田养鸭是怎样的技术 ………………… 103

337. 稻鸭共育的鸭品种如何选择 …………… 103

338. 小鸭下田应注意什么 …………………… 103

339. 稻田养鸭需要补饲吗 …………………… 103

340. 稻田养鸭需要设施吗 ……………………………… 104

341. 稻田养鸭注意事项有哪些 ……………………… 104

342. 稻田鸭经济效益如何 ……………………………… 104

343. 骡鸭是怎么回事 …………………………………… 104

344. 骡鸭有什么优点 …………………………………… 105

345. 骡鸭的用途怎样 …………………………………… 105

346. 骡鸭养殖的关键技术是什么 …………………… 105

347. 吉林省有养殖骡鸭的吗 ………………………… 106

348. 骡鸭养殖经济效益怎样 ………………………… 106

349. 养鸭建立风险基金有什么好处 ………………… 106

350. 养殖土鸡效益怎样 ……………………………… 107

351. 养殖土鸡需要具备哪些条件 …………………… 107

352. 选择哪些土鸡品种好 …………………………… 107

353. 养殖土鸡要进行防疫吗 ………………………… 107

354. 养殖肉鸽前景怎样 ……………………………… 108

355. 肉鸽养殖有哪些优势 …………………………… 108

356. 饲养水貂需要哪些必要条件 …………………… 108

357. 怎样计算水貂的养殖投资 ……………………… 109

358. 养殖水貂的经济效益有多大 …………………… 109

359. 水貂养殖多大的规模适宜 ……………………… 109

360. 养殖狐狸的经济效益有多大 …………………… 110

361. 实现狐狸的高效养殖要把好哪几关 …………… 110

362. 处于低谷时期的貉子还能养吗 ………………… 110

363. 獭兔养殖的前景怎样 …………………………… 110

364. 养殖獭兔究竟有多大的利润 …………………… 111

365. 獭兔皮价格的波动有规律吗 …………………… 111

366. 如何应对獭兔市场的变化 ……………………… 111

367. 为什么说兔肉是 21 世纪人类理想的肉食品 …… 112

368. 养殖肉兔究竟有多大的利润 …………………… 112

369. 林蛙产品市场前景怎样 ……………………… 112

370. 林蛙养殖哪种方式好 ………………………… 112

371. 林蛙养殖也要标准化吗 ……………………… 113

372. 泥鳅的养殖条件是什么 ……………………… 113

373. 泥鳅有什么经济价值 ………………………… 113

374. 匙吻鲟养殖前景怎样 ………………………… 114

375. 蚯蚓有什么用途 ……………………………… 114

376. 蚯蚓的习性有什么特点 ……………………… 114

377. 蚯蚓养殖方法有哪些 ………………………… 115

378. 蚯蚓的饲料有哪些 …………………………… 115

379. 适合吉林省的蚯蚓养殖品种有哪些 ………… 115

380. 蚯蚓的食用价值怎样 ………………………… 115

381. 蚯蚓的饲养管理注意事项有哪些 …………… 116

382. 吉林省有养殖蚯蚓的吗 ……………………… 116

383. 蚯蚓能在吉林省的气温下越冬吗 …………… 116

384. 肉鸡棚内养蚯蚓效益如何 …………………… 117

385. 大地饲养蚯蚓效益如何 ……………………… 117

386. 蚯蚓是如何收取的 …………………………… 117

387. 蝇蛆的营养和产量怎样 ……………………… 118

388. 蝇蛆养殖的经济效益怎样 …………………… 118

389. 苍蝇养殖需要什么条件 ……………………… 118

390. 苍蝇怎样饲养 ………………………………… 119

391. 饲喂蝇蛆的饲料有哪些 ……………………… 119

392. 蝇蛆培育注意哪些环节 ……………………… 120

393. 蝇蛆怎样分离 ………………………………… 120

394. 黄粉虫的市场前景怎样 ……………………… 120

395. 黄粉虫养殖要求什么条件 …………………… 121

396. 黄粉虫养殖的效益怎样 ……………………… 121

397. 养殖黄粉虫的市场条件是什么 ……………… 121

398. 吉林省柞蚕放养现状和放养条件是什么 …………………… 122
399. 吉林省柞蚕的品种优势有哪些 ………………………………… 122
400. 吉林省柞蚕有哪些产品 ………………………………………… 122

上篇　农民选种用种

一、农作物种子基本常识

1. 什么是农作物种子

农作物种子的定义有3种：一是植物学上的定义。在植物学上，种子是指从胚珠发育而成的繁殖器官，包括种皮、胚、胚乳3个主要部分。农作物种子是植物个体发育的一个阶段，从受精后种子的形成开始，到成熟后的休眠、萌发，是一个微妙的、独特的生命历程，它既是上一代的结束，又是下一代的开始。二是农业上的定义。农作物种子是指一切可以被用作播种材料的植物器官。不管它是植物体的哪一部分，也不管它在形态构造上是简单还是复杂，只要能繁殖后代的都统称为种子。三是《种子法》中的定义。农作物种子是指农作物的种植材料或者繁殖材料，包括子粒、果实、根、茎、苗、芽和叶等。通常我们所说的农作物种子，是指《种子法》中所指的种子。

2. 农作物具体包括哪些作物

农作物包括粮食、棉花、油料、麻类、糖料、蔬菜（核桃、板栗等干果除外）、茶树、花卉（野生珍贵花卉除外）、桑树、烟草、中药材、草类、绿肥、食用菌等作物以及橡胶等热带作物。

3. 主要农作物包括哪些

主要农作物是指《种子法》中确定的水稻、小麦、玉米、棉花、大豆和农业部确定的油菜、马铃薯以及各省、自治区、直辖市农业行政主管部门根据本地区实际情况确定的其他1~2种主要农作物。除了水稻、小麦、玉米、棉花、大豆、油菜、马铃薯外，吉林省还把高粱确定为主要农作物。

4. 什么是非主要农作物种子

非主要农作物种子是指除主要农作物种子以外的其他农作物种子。

5. 什么是育种家种子

育种家种子是指育种家育成的遗传性状稳定、特征特性一致的品种或亲本组合的最初一批种子。

6. 什么是原种

原种是指用育种家种子繁殖的第一代至第三代、经确认达到规定质量要求的种子。用育种家种子繁殖一次的称原种一代，由原种一代种子繁殖出来的种子称原种二代，由原种二代繁殖出来的种子称为原种三代。为了保持原种种子的纯度，原种繁殖不准超过二代。

7. 什么是生产用杂交种子

生产用杂交种子是指由亲本种子杂交配制成的、供大田生产用的杂交一代种子。

8. 什么是杂种优势

杂交种的第一代种子叫杂种一代，与双亲相比较，表现为产量高、抗逆性强、适应性广。这种两个遗传性状不同的亲本杂交产生的杂种第一代（F_1）优于其双亲的现象，称之为"杂种优势"。

9. 杂种二代为什么不能留作种子使用

杂种一代优势产生的原因，是因为它们来源于不同遗传基因的两个亲本，通过受精形成双重遗传性合子，这种合子能使杂种一代表现出强大的杂种优势。

根据遗传学原理，杂种二代会产生分离现象，出现部分类似亲本的类型，产量显著下降。因此，在大田生产中杂种二代不能留作种子使用。

10. 什么是大田用种

大田用种是指用常规种原种繁殖的第一代至第三代或杂交一代种子，经确认达到规定质量要求的种子。

11. 什么是混合种子

混合种子是指不同作物种类或者同一作物不同品种或者同一品种不同生产方式、不同加工处理方式的种子混合物。

12. 什么是认证种子

认证种子是指由种子认证机构依据种子认证方案，通过对种子生产全过程的质量监控，确认符合规定质量要求并准许使用认证标志的种子。

13. 什么是转基因种子

转基因种子是指利用基因工程技术改变基因组构成并用于农业生产的种子。基因工程技术是指利用载体系统的重组 DNA 技术以及利用物理、化学和生物学等方法把重组 DNA 分子导入品种的技术。基因组是指作物的染色体和染色体外所有遗传物质的总和。

14. 什么是种质资源

种质资源是指选育新品种的基础材料，包括各种植物的栽培种、野生种的繁殖材料以及利用上述繁殖材料人工创造的各种植物的遗传材料。

15. 什么是自交系原种

自交系原种是指由育种家种子直接繁殖出来的或者按照原种生产程序生产，并且经过检验达到规定标准的自交系原种种子。

16. 什么是亲本自交系种子

亲本自交系种子是指将原种扩大繁殖的供配制生产用杂交种的自交系种子。

17. 什么是授权品种

授权品种是指被农业部授予品种权的植物新品种。

18. 什么是植物新品种

植物新品种是指经过人工培育的或者对发现的野生植物加以

开发，具备新颖性、特异性、一致性和稳定性并有适当命名的植物品种。

19. 什么是商品种子

商品种子是指用于营销目的而进行交易的种子。

20. 什么是药剂处理种子

药剂处理种子是指经过杀虫剂、杀菌剂或者其他添加剂处理的种子，如包衣种子。

21. 什么是种子的生命力

种子生命力是指种子的发芽潜在能力和种胚所具有的生命力，通常是指一批种子中具有生命力（即活的）种子数占种子总数的百分率。

22. 农作物种子的寿命有多长

农作物种子的寿命是指种子群体在一定环境条件下保持生活力的期限。农作物种子的寿命越长，则该种子在农业生产上利用的时间越长。种子寿命大致可分为长命种子（15年以上）、常命种子（3～15年）以及短命种子（3年以下）三大类。常见的农作物中西瓜、茄子、白菜、绿豆等种子属于长命种子；水稻、小麦、玉米、大豆等种子属于常命种子；辣椒、花生等种子属于短命种子。适宜的贮藏环境，可以相对延长种子的寿命。

23. 什么是种子标签

种子标签是指固定在种子包装物表面及内外的特定图案和文字说明。

24. 种子标签应该标注哪些内容

农作物种子标签应当标注作物种类、种子类别、品种名称、产地、种子经营许可证编号、检疫证明编号、进口审批文号、种子质量指标、净含量、生产年月、警示标志、生产商名称、生产商地址以及联系方式。主要农作物种子还应标注种子生产许可证编号、品种审定编号。

25. 种子标签哪些内容必须直接印制在包装物表面或者制成印刷品固定在包装物外面

根据国家和省有关规定：作物种类、种子类别、品种名称、生产商或进口商或分装单位名称与地址、质量指标、净含量、生产年月、种子经营许可证编号、警示标志、种子生产许可证编号、品种审定编号、检疫证明编号、"转基因"或"转基因种子"等13项内容必须直接印制在包装物表面或者制成印刷品固定在包装物外面，否则种子标签制作不合格。

26. 什么部门负责农作物种子管理工作

县级以上人民政府农业行政主管部门主管本行政区域内的农作物种子工作，其所属的种子管理机构负责种子管理的具体工作。

27. 农作物种子需要检疫吗

试验、示范、推广的农作物种子，必须事先经过植物检疫机构检疫。查明确实不带植物检疫对象的，发给植物检疫证书，方可进行试验、示范、推广。

二、农作物品种布局与定向

28. 什么是农作物品种

《种子法》第74条规定，农作物品种是指经过人工选育或者发现并经过改良，形态特征和生物学特性一致，遗传性状相对稳定的植物群体。

29. 什么是优良品种

所谓优良品种是指能够比较充分利用自然、栽培环境中的有利条件，避免或减少不利因素的影响，在生产上有较高的推广利用价值，能获得较好的经济效益，深受群众欢迎的品种。表现为高产、稳产、优质、低消耗、抗逆性强、适应性广。

优良品种是一个相对的概念，它的利用具有地域性和时间性。品种的优良性状只能在一定的自然环境和栽培条件下以及一定的时间内才能表现出来，超过一定范围就不一定表现优良。当地的优良品种引到外地种植不一定能够适应，外地的优良品种引到本地种植也不一定能够增产，过去的优良品种现在不一定优良，现在的优良品种将来也可能被逐步淘汰。

30. 农作物品种为什么会出现退化

优良品种在推广一定时间后，往往出现品种特性不稳，抗逆性衰退，产量下降等现象，从而被新品种所取代。品种出现退化的主要原因是混杂。混杂可分为机械混杂和生物学混杂两种情况。机械混杂是指农作物种子在收获、脱粒、清选、晾晒、贮藏、包装、运输等过程中人为引起的混杂。生物学混杂是指杂交种子在生产过程中，因隔离区不够等原因，造成外来花粉污染，使亲本种子或杂交种子基因型发生变化，从而造成原品种群体的遗传结构发生变化，造成品种退化。

31. 什么是品种审定

品种审定是对新育成和新引进的品种，由国家级或省级品种审定委员会根据品种区域试验、生产试验结果，审查评定其推广价值和适应范围的活动。其中，区域试验是对品种的丰产性、抗逆性、适应性、生育期、品质等农艺性状进行鉴定，从中选出优秀者参加生产试验。生产试验是将区试中表现优良的品种，在接近大田生产的条件下，进一步验证品种的丰产性、抗逆性、适应性，同时总结配套栽培技术。

32. 哪些农作物品种在推广应用前必须通过审定

主要农作物品种和转基因农作物品种在推广应用前必须通过审定，其中转基因农作物品种必须通过国家级审定。

33. 非主要农作物品种在推广前需要审定吗

非主要农作物品种在推广前不需要审定，但是，需要注意的是有些作物在本省是非主要农作物，在外省却是主要农作物。这类农作物品种，在本省推广不需要审定，但如果要在外省推广，必须经过国家或所要推广的省审定后才能推广。

34. 农民种植未审品种种子有什么风险

一是经济风险。应当审定的未经审定通过的农作物品种，其抗逆性、适应性、丰产性不确定，很容易在生产中造成减产。未审品种年际间表现也不一致，一旦出现问题，轻者减产，重者绝收，其教训是深刻的、沉痛的。

二是索赔风险。经营未审定品种种子的多为追求利润的小商店。未审定品种一旦出现问题，就可能是大面积的，经营者可能会因无力赔偿，而关门走人。所以提醒广大农民朋友要增强科技意识、风险意识，不要购买、种植未审品种种子。

35. 农作物品种国家级审定与省级审定有什么不同

（1）推广的区域不同。通过国家级审定的主要农作物品种由农业部公告，可以在全国适宜的生态区域推广。通过省级审定的主要农作物品种由省（自治区、直辖市）农业行政主管部门公告，只能在本行政区域内适宜的生态区域推广。

（2）审定的品种范围不同。国家审定的范围只有稻、小麦、玉米、棉花、大豆、油菜、马铃薯等作物品种；各省（自治区、直辖市）审定的主要农作物品种除以上规定的 7 种外，还包括本省（自治区、直辖市）自行确定的其他 1～2 种主要农作物品种。

36. 国审品种比省审品种好吗

二者没有可比性。对于广大农民朋友来说，使用的主要农作物品种只要经过审定就可以了。无论是经过国审还是省审的品种，只要在实践中证明适应本地，而且优质、高产、抗性强的，就是好品种。

37. 主要农作物品种可以超审定范围推广种植吗

《种子法》规定，通过国家级审定的农作物品种只能在审定公告的全国适宜的生态区域推广，通过省级审定的农作物品种只能在审定公告的本行政区域内适宜的生态区域推广。因此，主要农作物品种不能在审定公告的适宜生态区域之外推广、种植。

38. 相邻省（区、市）审定的品种可以在本省推广吗

相邻省（自治区、直辖市）属于同一适宜生态区域内的主要农作物品种，经所在省（自治区、直辖市）人民政府农业主管部门同意后可以引种。办理了引种手续的主要农作物品种可以在本省（自治区、直辖市）同一适宜生态区的地域内推广。吉林省规定，需要引种的品种，应参加省品种审定委员会组织的引种试验鉴定，经试验鉴定适合吉林省推广的，方可进行引种。

39. 非法经营、推广应当审定而未经审定通过的农作物品种种子应负什么法律责任

《种子法》规定，经营、推广应当审定而未经审定通过的农作物种子的，由县级以上人民政府农业行政主管部门责令停止种子的经营、推广，没收种子和违法所得，并处以一万元以上五万元以下罚款。

40. 什么是品种的适宜区域

品种适宜区域是指经品种区域试验确定，并在农业行政主管部门公布的品种审定公告中明示的品种适宜推广的生态区域。

41. 农作物品种通过国家或省级审定，但适宜区域不包括当地，是否属于未经审定通过的品种

这种情况属于未经审定通过的品种。未审品种包括以下两种情形：一是未经国家级审定通过，也未经省级审定通过的；二是在审定公告的适宜生态区域外推广的。因此，即使通过了国家级或省级审定，但在品种的适宜区域外推广的，也属于未审品种。

42. 青贮玉米、黏玉米是不是主要农作物

青贮玉米、黏玉米是玉米的一种类型，根据《种子法》第七十四条第三款规定，青贮玉米、黏玉米属于主要农作物。

43. 吉林省晚熟区主推、搭配的玉米品种主要有哪些

吉林省晚熟区 2008 年主推的玉米品种主要有：益丰 29 号、郝玉 21 号、吉农大 568、吉单 39、吉单 88、吉单 137、银河 101、吉单 271、吉单 257、银河 33、吉东 4 号、大龙 160、农大

364。搭配的玉米品种主要有：吉农大 201、绿育 9911、承玉 14、郝玉 12、良玉 8 号、沈玉 21、龙丰 7、丹玉 79、双玉 102、豫奥 3、吉单 136。

44. 吉林省中晚熟区主推、搭配的玉米品种主要有哪些

吉林省中晚熟区 2008 年主推的玉米品种主要有：平全 13 号、泽玉 11 号、吉单 35、吉单 264、吉单 198、吉农大 588、银河 32、郑单 958、龙丰 2、通吉 100 号、九单 57 号、利民 15 号。搭配的玉米品种主要有：军单 8 号、吉单 38、吉单 278、吉单 419、吉东 8 号、吉东 17 号、泽玉 402、郝玉 18、益丰 10、四玉 18、科泰 6 号、蠡玉 13、良玉 8 号、樱秋 11 号、平安 18 号、丹科 2158、宏育 29。

45. 吉林省中熟区主推、搭配的玉米品种主要有哪些

吉林省中熟区 2008 年主推的玉米品种主要有：吉单 505、吉单 261、吉单 517、吉东 20 号、泽玉 19 号、吉农大 115、吉农大 302、通单 24、九单 48、长单 506、宏育 29。搭配的玉米品种主要有：吉单 198、原单 68、吉单 275、吉单 522、吉东 22 号、吉东 28 号、宏育 319、银河 14 号、吉单 27、吉单 535、吉单 602、新白单 31、通吉 100、承玉 20。

46. 吉林省中早熟区主推、搭配的玉米品种主要有哪些

吉林省中早熟区 2008 年主推的玉米品种有：吉单 27、吉单 505、吉单 519、吉单 522、吉单 535、白山 8、松玉 401、伊单 59。搭配的玉米品种主要有：吉单 415、吉单 77、吉单 80、吉单 262、吉农大 516、龙单 13、哲单 37、海玉 6。

47. 吉林省早熟区主推、搭配的玉米品种主要有哪些

吉林省早熟区 2008 年主推的玉米品种主要有：嫩单 8、白山 7、牡丹 9、通单 41。搭配的品种主要有：龙单 13、瑞兴 11、松玉 401、哲单 37、白山 1、克单 7。

48. 吉林省晚熟区主推、搭配的水稻品种主要有哪些

吉林省晚熟区 2008 年主推的水稻品种主要有：吉粳 88、吉粳 83、秋田小町、吉粳 105、通育 105、九稻 42、金浪 301、吉粳 803。搭配的品种主要有：吉粳 91、吉粳 108、九稻 48、九稻 59、通育 221、通丰 9、通禾 834、金浪 303。

49. 吉林省中晚熟区主推、搭配的水稻品种主要有哪些

吉林省中晚熟区 2008 年主推的水稻品种主要有：吉粳 88 号、吉粳 89、通育 239、通育 318、通育 223、通育 318、通丰 8。搭配的品种主要有：吉粳 501、吉粳 503、吉粳 505、通育 308、通禾 832、平粳 7、通院 9、长白 10、吉粳 81、九稻 46、九稻 54、九稻 56、吉粳 102、吉粳 105、吉粳 108。

50. 吉林省中熟区主推、搭配的水稻品种主要有哪些

吉林省中熟区 2008 年主推的水稻品种主要有：吉粳 102、吉粳 105、吉粳 81、吉农大 808、农大 8、九稻 39、九稻 40、通育 316、通育 315、通粳 791、辉粳 7、松粳 6、长白 10。搭配的品种主要有：吉粳 101、长白 9、长白 16、农大 19、通 95－74、通育 318、通粳 612、九稻 44、九稻 58、金浪 1。

51. 吉林省中早熟区主推、搭配的水稻品种主要有哪些

吉林省中早熟区 2008 年主推的水稻品种主要有：长白 10、长白 16、吉农大 19、通育 403、通育 313、白粳 1、金浪 1。搭配的品种主要有：长白 19、通粳 611、九稻 44、稻光 1 号、九稻 60、通育 401、延粳 26、长白 9。

52. 吉林省早熟区主推、搭配的水稻品种主要有哪些

吉林省早熟区 2008 年主推的水稻品种主要有：延组培 1 号、延粳 25、通粳 611、九稻 16、延粳 26。搭配的品种主要有：延粳 19、延粳 22、九稻 50、富士光、金浪 1 号、延引 1 号。

53. 吉林省晚熟区主推、搭配的大豆品种主要有哪些

吉林省晚熟区 2008 年主推的大豆品种主要有：吉育 45 号、吉育 71 号、吉育 72 号、吉育 75 号、吉育 88 号、长农 13、长农 16、长农 18、九农 26 号、九农 33 号。搭配的品种主要有：吉育 74 号、长农 15、吉育 60、吉育 82、九农 30、九农 22、吉农 14。

54. 吉林省中晚熟区主推、搭配的大豆品种主要有哪些

吉林省中晚熟区 2008 年主推的大豆品种主要有：吉育 74 号、吉农 15、吉农 24、九农 26、丰交 7607、吉林 35、吉科豆 1 号。搭配的品种主要有：吉育 47、吉育 71 号、吉育 72 号、九农 22、九农 27 号、九农 30、吉农 12、长农 13、长农 16、长农 17、吉丰 2 号。

55. 吉林省中熟区主推、搭配的大豆品种主要有哪些

吉林省中熟区 2008 年主推的大豆品种主要有：吉育 47 号、长农 15 号、黑农 38、绥农 14、九农 29、丰交 7607。搭配的品种主要有吉丰 1 号、长农 16、长农 17 号、九农 28 号、合丰 35、吉育 69 号、九农 31 号。

56. 吉林省中早熟区主推、搭配的大豆品种主要有哪些

吉林省中早熟区 2008 年主推的大豆品种主要有：黑农 38、延农 11 号、绥农 14、合丰 35 号。搭配的品种主要有：吉育 47 号、九农 29 号、吉丰 1、延农 9、吉育 57、吉育 69 号、吉育 73 号、白农 9、九农 28 号、吉科豆 3 号。

57. 吉林省早熟区主推、搭配的大豆品种主要有哪些

吉林省早熟区 2008 年主推的大豆品种主要有：吉丰 4、平安豆 49、吉林小粒豆 7 号、绥农 14、合丰 35、合丰 39、黑农 38。搭配的品种主要有：延农 11 号、吉育 67 号、吉育 69 号、吉育 73 号、吉育 79 号、吉林小粒豆 4 号、合丰 47。

三、农作物种子质量与鉴别

58. 什么是农作物种子质量

农作物种子质量是由不同特性综合而成的。种子质量特性分为四大类：一是物理质量，采用净度、其他种子计数、水分、重量等项目的检测结果来衡量；二是生理质量，采用发芽率、生活力和活力等项目的检测结果来衡量；三是遗传质量，采用品种真

实性、品种纯度等项目的检测结果来衡量；四是卫生质量，采用种子健康度等项目的检测结果来衡量。尽管种子质量特性较多，但我国目前主要采用纯度、净度、水分、发芽率 4 项指标来衡量种子质量的高低。

59. 玉米单交种的种子质量标准有哪些

一级种：纯度≥98.0%，净度≥98.0%，发芽率≥85%，水分≤13.0%（长城以北可以≤16.0%）。

二级种：纯度≥96.0%，净度≥98.0%，发芽率≥85%，水分≤13.0%（长城以北可以≤16.0%）。

60. 水稻常规种的种子质量标准有哪些

原种：纯度≥99.9%，净度≥98.0%，发芽率≥85%，水分≤14.5%（长城以北可以≤16.0%）。

良种：纯度≥98.0%，净度≥98.0%，发芽率≥85%，水分≤14.5%（长城以北可以≤16.0%）。

61. 大豆常规种的种子质量标准有哪些

原种：纯度≥99.9%，净度≥98.0%，发芽率≥85%，水分≤12.0%。

良种：纯度≥98.0%，净度≥98.0%，发芽率≥85%，水分≤12.0%。

62. 高粱杂交种的种子质量标准有哪些

一级种：纯度≥98.0%，净度≥98.0%，发芽率≥80%，水分≤13.0%（长城以北可以≤16.0%）。

二级种：纯度≥95.0%，净度≥98.0%，发芽率≥80%，水分≤13.0%（长城以北可以≤16.0%）。

63. 西瓜杂交种子的质量标准有哪些

一级种：纯度≥98.0%，净度≥99.0%，发芽率≥90%，水分≤8.0%。

二级种：纯度≥95.0%，净度≥99.0%，发芽率≥90%，水分≤8.0%。

64. 什么是假种子

下面两种情况均为假种子：一是以非种子冒充种子或者以此种品种种子冒充他种品种种子的，如以吉单180冒充中单2号玉米种子，即为假种子；二是种子种类、品种、产地与标签标注的内容不符的，如标签标注的产地是甘肃，而实际产地是辽宁，为假种子。

65. 什么是劣质种子

劣质种子分5种情形：一是质量低于国家规定的种用标准的；二是质量低于标签标注指标的；三是因变质不能作种子使用的；四是杂草种子的比率超过规定的；五是带有国家规定检疫对象的有害生物的。

66. 如何用视觉来判断种子质量

（1）种子水分的观察　以玉米种子为例，一般胚部凹陷，有皱纹为干种子；胚部稍有凹陷，种子水分应在规定的标准水分之内；胚部不凹陷，光泽较强的种子，水分含量较高；胚部稍有凸出，光泽较强的种子，水分约在20％以上。

（2）种子净度的观察　将种子样品平摊于样品盘上或手上，先粗略计数样品数量，再将样品倾斜缓缓抖动，使种子均匀地向下流动后观察手或盘中杂质的多少。

（3）种子真伪的观察　一般的作物种子，特别是杂交种子，在外观上有其固有的特征，对这些特征的观察可大致鉴别出种子的真伪。如玉米种子可根据粒形、粒色、稃色（轴色）等主要性状进行鉴别。

（4）种子病害观察　农作物种子的多种病害都可以通过视觉来鉴别，可用供检种子样品感染病害种子数的百分率表示。

67. 如何用嗅觉来判断种子质量

用嗅觉可以判断种子有无霉烂、变质及异味等质量状况。正常新鲜的种子都具有该品种的特殊气味，而变质的种子带有异味。如发过芽的种子带有甜味，发过霉的种子带有酸味或酒味。

嗅觉检验最好选择刚打开仓库的门或刚打开包装袋口时马上用嗅觉判断有无异味。因为刚打开仓门或袋口时，突然散发出的气味浓度高，很容易闻到。

68. 如何用手来判断种子水分

用手插入种子堆（袋）内感觉松散、光滑、阻力小、有响声，则表明种子含水量低；用手抓种子时，子粒容易从指缝中流落，则表明种子含水量低。反之，则说明种子水分高。

69. 如何用牙齿来判断种子水分

用牙齿咬种子子粒，听其响声，来判断种子水分。方法是从不同部位取种子，用牙齿轻轻加大压力，切断种子子粒，若感觉费力，声音清脆，断面整齐，表明种子水分含量较低；反之，牙咬时感觉软湿，子粒压扁，则表明种子含水量较高。

70. 如何用听觉来判断种子水分

抓一把种子紧紧握住，五指活动，听其声音，或把种子从高处扬落，听其声音。一般情况下，声音越大，种子水分越低；反之声音不大并且发闷，则种子水分较高。

71. 种子的分级标准包括哪几项质量指标

种子分级标准包括纯度、净度、发芽率、水分4项指标。

72. 鉴定玉米种子纯度应在哪几个生长期进行，主要根据哪些性状鉴定

鉴定玉米种子纯度应在苗期、拔节期、抽雄吐丝期等不同生育期进行。鉴定的性状主要是植株的株型、雄穗分枝数、花药颜色、护颖颜色、花丝颜色、苞叶颜色、茎秆颜色等性状进行鉴定。

73. 测定种子净度时怎样区别净种子，其他植物种子和杂质

净种子：在种子构造上凡能明确鉴别出属于所分析的种子（已变成菌核、黑穗病孢子团或线虫瘿的除外），即使是未成熟的、瘦小的、皱缩的、带病的或发过芽的种子都作为净种子。通常包括完整的种子单位和大于原来大小一半的破损种子单位。

其他植物种子：除净种子以外的任何植物种子单位，包括杂草种子和异作物种子。

杂质：除净种子和其他植物种子以外的所有种子单位、其他物质及构造。

74. 种子是否有保质期

种子质量主要取决于种子纯度、净度、水分、发芽率 4 项指标，只要这 4 项指标符合要求，不论是新种子还是陈种子都可以做种子使用。同时，根据使用者购买种子即买即用的实际情况，《种子法》未对是否标注种子质量保质期做强制性规定。如果企业标注了保质期，则属于企业对外的一种承诺，那么企业经营的种子就要受保质期的约束。

四、农民朋友如何选择良种

75. 农民朋友选择农作物品种应坚持哪些基本原则

农民朋友在选择农作物品种时，应当坚持以下基本原则：一是选择合法的品种。二是要选择适宜对路的品种。三是选择高效的品种。

76. 目前国审（适宜吉林省）、吉林省省审的玉米品种主要有哪些

A：奥玉 20（Z7020）、奥玉 3101（国）、安玉 13（四平地区）。

B：白单 3 号、新白单 31、白单 52 号、白早 2 号、白早 3 号、白早 9 号、白山 1 号、白山 3 号、白山 4 号、白山 6 号、白山 7 号、白山 8 号（白山 9 号）、本玉 9 号、本玉 18 号（本 2204、国）、博玉 6。

C：承玉 14、承玉 20（国）、承玉 62、长单 26、长单 39、长单 58、长单 206、长单 228、长单 347、长单 506、长单 512、长单 529、长城 799、长城 303（国）、长城 315（国）、长城 1142（国）、春油 1 号、春糯 1 号、春糯 5 号、春糯 8、春早 14 号、春

早42号、春玉8号、城早1号、城油2号、城油6号、城玉5、超甜710、脆王、彩糯1号、长玉509、长宏413。

D：大龙7、大龙160、丹玉26（单2100、国）、丹玉29（丹639、长春市中晚熟区）、丹玉36、丹玉41、丹玉39（富友1号、丹科2109）、丹玉48、丹玉69（国）、丹玉77、丹玉79、丹玉86（国）、丹玉96号（国）、丹科2123（丹2123、国）、丹科2151（国）、丹科2158、东旭10、东单7（国）、东单8（国）、东单13（国）、东单60（国）、东单72、东单80（国）、东单213（东213）、登海3号（国）、登海9（莱玉3119、国）、登海3312（国）、登海3521、登海3660（国）、登海6154、登海青贮3571（国）、德丰10、德丰77、德丰108、德单8号（国）、德玉211、DK656、迪卡3号（2961、国）、迪卡5号、大民420。

F：凤田9号、丰满黑糯1号、丰禾10、富友2号、富友9号（国）、富友10、富友99（国）。

G：关东黑糯、高玉8号、公主1号。

H：禾玉3号、禾玉18、禾单70、郝玉8号、郝玉12（国）、郝玉18号、郝玉19号、郝玉20号、郝玉21号、郝玉98号、郝玉318（郝3418）、户单2000（国）、鸿基107、宏育3号、宏育29号、宏育319号、海玉5号、海玉6号（海882）、海河14号、海禾17（国）。

J：佳尔2号、佳尔336（国）、佳尔919、吉油1号（国）、吉饲9号、吉单18、吉单23（四早23）、吉单27（四早27）、吉单28（四单28）、吉单29（四单29）、吉单32（吉星32号）、吉单34、吉单35、吉单38、吉单39、吉单46（吉星46、四单46、国）、吉单77（四单77）、吉单79（四单79）、吉单80、吉单88、吉单92、吉单103（四单103）、吉单109（四单109）、吉单113（四单113）、吉单119（四单119）、吉单137（四单137）、吉单180、吉单185（饲用）、吉单189（四早189）、吉单196、吉单198（四单198）、吉星油199（国）、吉单209、吉单252、吉单

255（国）、吉单 257、吉单 259 号、吉单 261（国）、吉单 262、吉单 264、吉单 271、吉单 275、吉单 278、吉单 321、吉单 327（国）、吉单 342（国）、吉单 408、吉单 413、吉单 414、吉单 415、吉单 419、吉单 420、吉单 501、吉单 505、吉单 507、吉单 515、吉单 517、吉单 519、吉单 522、吉单 525 号、吉单 528、吉单 530、吉单 535、吉单 536、吉单 602、吉单 618、吉单 702、吉单 711、吉单 4011、吉新 201、吉新 203（原单 22）、吉新 205 号、吉新 306（吉省玉 5）、吉新 308、吉农大 21、吉农大 115（国）、吉农大 201、吉农大 212、吉农大 259、吉农大 302（国）、吉农大 401、吉农大 402、吉农大 501、吉农大 516、吉农大 568、吉农大 588、吉东 2 号（双东 2 号）、吉东 4 号、吉东 6 号、吉东 7、吉东 8 号、吉东 10 号、吉东 14 号、吉东 16 号（国）、吉东 17 号、吉东 20 号、吉东 21 号、吉东 22 号、吉东 23 号、吉东 26 号、吉东 28 号（国）、吉东 31 号、吉品 7 号、吉锋 2 号、吉玉 4 号、吉玉 8 号、吉玉 106、吉玉 301、吉育 88、吉育 208（吉育 203）、吉甜 6 号、吉甜 9 号、吉笋 2 号、吉爆 3 号、吉爆 4 号、吉爆 902、吉糯 1 号、吉糯 3 号、吉糯 10 号（四糯 10）、吉农糯 1 号、吉农糯 4 号、吉农玉 308、吉农玉 885、九单 10 号、九单 12 号、九单 13 号、九单 14 号（九单 46）、九单 48 号、九单 50 号、九单 57 号、九单 62 号、九单 64 号、九育 27 号、军单 8、军单 15、济单 7 号（国）、冀玉 9 号（国）、稷秋 11、稷秋 62、稷秋 101、江育 417、江育 418、江育 503、京科糯 2000、京科青贮 301（国）、京科青贮 516（国）、晋单青贮 42、京科甜 126（国）、锦玉青贮 28（国）、金糯 608、金园 2、金园 3。

K：KWS9574（德国 KWS 公司）、垦黏 1 号（国）、垦玉 6 号、克单 7 号、科泰 6 号（春秋 6）、科泰 18 号、科爆 201（国）。

L：龙丰 2 号、龙丰 7 号（Z7068）、岭单 6、龙单 13 号、龙单 18 号、雷奥 1 号（国）、利合 16（国）、利民 3（国）、利民 15 号（本玉 15 号、国）、利民 622、绿黏 2、良玉 8 号、良玉 11、良玉 22 号（北玉 22）、柳单 6 号（柳玉 107）、蠡玉 13 号、蠡玉 16 号、辽科 1 号（吉东 28）、辽作 1 号（国）、辽单 24（辽 9401、国）、辽单 30（辽试 551、国）、辽单 33（国）、辽单 120（国）、辽单 129（国）、辽单 565（国）、辽 613 号、鲁单 6006（国）、鲁单 9002（国）、绿育 4117、绿育 9911、绿育 9915、绿育 9918、绿糯 1 号、绿色超人、绿色先锋（国）、绿色天使（甜、国）。

M：麦歌娜母、美爆 1 号（吉美）、牡丹 9 号、M2961、明玉 2 号（国）。

N：NX4528（吉引 2 号）、农大 84（国）、农大 95（国）、农大 364、农大科茂 518（农大 518）、农玉 1 号（E120）、农玉 3 号（E12）、农华 8 号（四平晚熟、国）、农华 98 号（国）、嫩单 8 号（嫩 048）、宁玉 303、宁玉 309（国）。

P：平安 11、平安 14、平安 18 号、平安 20 号、平安 24 号、平安 31、平安 54、平安 55、平安 86、平全 9、平全 13 号、平育 2 号、平育 11 号、平早 2 号、濮单 3 号（国）、濮单 6 号（濮 9794、国）。

Q：前锋 8、桥丰 7、秦龙 9 号、秦龙 13、强盛黄糯 1（国）、强盛 1 号、强盛青贮 30（国）、强盛 31 号、齐单 1 号（国）。

R：瑞兴 11 号、瑞秋 24。

S：三北 6 号（国）、三北 9 号（国）、三北青贮 17、四单 19、四单 68、四单 112、四单 115（四早 118）、四单 136、四单 152、四单 158、四单 167、四单 188、四早 12、四早 21、四早 25、四早 121、四早 154、四密 25（国）、四育 7 号、四育 17、四育 18 号、松辽 1 号、松玉 401、松玉 410、硕秋 8 号（国）、沈单 10 号（沈试 29、国）、沈玉 17 号（沈试 1002、国、四平南部晚熟区）、沈玉 20、沈玉 21、沈爆 3 号（国）、穗丰 10 号、双抗吉单 101、双玉 102、双玉 103、双玉 201、赛玉 13、32F20、32D22（国）、33B75、33G05、33P23、38P05。

T：铁单 16 号（国）、铁单 20（铁 101、国）、铁研 26（国）、

通科 1 号（国）、通油 1 号、通单 23 号、通单 24 号（国）、通单 28 号、通单 36 号、通单 37 号、通单 41 号、通育 98 号、通育 99 号、通吉 100 号（通育 100、吉单 260、国）、通育 105、通玉 112、屯玉 2 号（国）、屯玉 38 号、屯玉 42（国）、屯玉 58 号、屯玉 88（国）、屯玉 99（国）。

W：王朝、魏峰 3、万孚 1 号、万孚 2 号、万孚 7 号（四平晚熟、国）。

X：先玉 252（国）、先玉 335（国）、先玉 420（国）、先玉 409、先玉 696（国）、新铁 10 号、新春 18（新春 0213）、西芭、兴垦 3 号、兴垦 10、秀青 74－5。

Y：益丰 2 号（益玉 2）、益丰 10、益丰 18、益丰 29、益丰 39、延油 1、延糯 11 号、延单 15、延单 19、延单 21、伊单 2 号、伊单 56 号、伊单 59 号、伊单 60、豫奥 3、豫玉 18（国）、豫玉 22 号（豫单 8703）、豫爆 2 号、远东 1 号、永丰 2 号、雅玉青贮 26、雅玉青贮 27、原单 20 号、原单 29 号、原单 65 号、原单 68 号、耘单 208、银河 2 号、银河 7 号、银河 14 号、银河 27 号、银河 32 号、银河 33 号、银河 101、源和 79、郁青 281。

Z：泽玉 11 号、泽玉 16、泽玉 17（国）、泽玉 19、泽玉 402、哲单 37、中种 868、中科 10 号、中农大 236（四平晚熟区、国）、中农大 369（国、晚）、中农大青贮 CY4515（国）、中单 321（国）、中单 322、中玉 9（国）、中迪 985（国）、郑单 19 号（国）、郑单 25 号、郑单 958、郑爆 2 号、正大 29 号（华单 2 号）、珠贝粒。

77. 目前国审（适宜吉林省）、吉林省省审的水稻品种主要有哪些

B：保丰 2 号（国）、白粳 1 号（白 122）。

C：超产 1 号、超产 2 号（吉粳 76）、长白 9 号（吉 89－45）、长白 10 号（吉丰 8 号）、长白 11 号（吉丰 3 号）、长白 12 号（丰优 103）、长白 13 号、长白 14 号、长白 15 号（国）、长白 16 号、长白 17 号（吉生 205）、长白 18 号（吉生 206）、长白 19 号、长白 20 号、长选 10 号、长选 89－181、长选 12 号、长选 14、春承 101。

D：东稻 2 号、东稻 3 号、东稻 03－056、东农 12 号、稻光 1 号（通粳 793）。

F：丰选 3 号、富源 4 号（国）、赋育 333。

H：恢黏、辉粳 7 号、黑香稻 1 号、旱稻 65 号（国）、亨粳 101、宏科 8 号、黑糯 1 号、红香 1 号。

J：吉粳 65（关东 107）、吉粳 66、吉粳 71、吉粳 72（组培 11）、吉粳 78 号（吉丰 10、国）、吉粳 79（组培 28）、吉粳 80 号、吉粳 81 号（品香 1 号）、吉粳 82、吉粳 83 号（丰优 307）、吉粳 84 号（保丰 3 号）、吉粳 85、吉粳 86 号（组培 22 号）、吉粳 87、吉粳 88（国）、吉粳 89、吉粳 90 号（高产 113）、吉粳 91、吉粳 92、吉粳 94 号、吉粳 95 号、吉粳 101、吉粳 102、吉粳 104（国）、吉粳 105（国）、吉粳 106、吉粳 107、吉粳 108（国）、吉粳 110（国）、吉粳 501 号（国）、吉粳 502 号、吉粳 503、吉粳 504（吉特 617、国）、吉粳 505、吉粳 506、吉粳 507、吉粳 800、吉粳 802、吉粳 803、吉粳 804、吉粳 805、吉宏 207、吉玉粳、吉优 1 号（国）、吉农大 13、吉农大 18 号、吉农大 19 号、吉农大 23 号、吉农大 27 号、吉农大 808、吉农引 6 号、吉黏 2 号、吉黏 3 号（丰黏 1 号）、吉黏 4 号（丰黏 5 号）、吉黏 5 号（新黏 3 号）、吉黏 6 号、吉黏 8 号（特黏 3 号）、吉糯 7 号（高产糯 4 号）、九黏 4 号、九稻 16 号、九稻 19 号、九稻 20 号、九稻 21 号、九稻 22 号（国）、九稻 23 号（国）、九稻 24 号、九稻 26 号（九花 3 号）、九稻 27 号（九新 152）、九稻 29 号、九稻 30 号、九稻 31 号、九稻 32 号、九稻 33 号、九稻 34 号、九稻 35 号、九稻 39 号、九稻 40 号、九稻 41 号（国）、九稻 42 号、九稻 43 号、九稻 44 号（九稻 101）、九稻 45 号（九稻 301）、九稻 46 号（九丰 301）、九稻 47 号（九稻 302）、九稻 48 号（九稻 401）、九稻50号、九稻51号、九稻53（国）、九稻54号、九稻55号、九稻56号、九稻58号、九稻59号、九稻60号、九稻62号、九稻63号、九稻65号、锦丰、金浪1号（现代9924）、金浪301、金浪303（现代2441）、晋稻8号（国）。

L：龙锦1号、陆奥香、辽粳27号（中选1、国）、辽粳371号（国）、辽星8号、辽星17（国）。

N：农大7、农大8、农大19、农黏1号（吉农大1999－208）。

P：平粳6号、平粳7号、平粳8号。

Q：秋田小町。

S：沙29、双丰8号、松辽5号、松粳6号、沈农265、沈农9741（国）。

T：通系9号、通系12号（通优12）、通系103、通系158、通育105号、通育124、通育207号（通育102）、通育219、通育221、通育223（通育217）、通玉239、通育240号、通育308、通育313（通育414）、通育315、通育316（通育320）、通育318号、通育401、通育403（国）、通31号、通35号、通88－7、通211号、通95－74、通98－56、通777、通788、通引58号、通粳611号、通粳612号、通粳791号、通粳797、通丰5号、通丰8号（国）、通丰9号、通丰13号、通丰14号、通院6号、通院9号、通院11号、通禾820、通禾832（国）、通禾833、通禾834、通禾836、通禾837、通黏1号、通黏2号、通黏8号、通糯203、藤光（延引5号）、天井4号（丰优109、国）、天井5号（特优13、国）、铁粳7号（国）。

W：五优一号（五龙93－8）、文育302。

Y：延粳21号、延粳22号、延粳23号（延504、国）、延粳24号、延粳25号（延404）、延粳26号（延312）、延引1号、延引6号、延组培1号、月亭糯1号。

Z：众禾1号、组培7号、早糯303（国）。

78. 目前国审（适宜吉林省）、吉林省省审的大豆品种主要有哪些

B：北豆2号（国）、北豆7号（国）、北豆8号（国）、北豆9号（国）、北豆10号（国）、白农6号、白农8号、白农9号、白农10号、白农11号。

C：长农7号、长农9号、长农10号、长农11号、长农12号、长农13号、长农14号、长农15号、长农16号、长农17号、长农18号、长农19号、长农20号、长农21号、长农22号。

F：翡翠绿、丰交7607、丰交2004、丰收24号（国）。

H：合丰35号、合丰39号、合丰43号、合丰47号、合丰49号、合丰50号（国）、合丰52号（国）、华疆3号（国）、黑农38、黑农41号、黑农46号（国）、黑河26号（国）、黑河36号（国）、黑河46（国）、黑河47（国）、黑河48（国）、郝豆2000号。

J：吉林26号、吉林28号、吉林30号、吉林38号、吉林39号、吉林40号、吉林41号、吉林42号、吉林43号、吉林44号、吉林45号、吉林46号、吉林47号、吉林48号、吉林49号、吉林小粒豆1号、吉林小粒豆4号、吉林小粒豆6号、吉林小粒豆7号、吉林小粒豆8号、吉育50号、吉育52号、吉育53号、吉育54号、吉育55号、吉育57号、吉育58号、吉育59号、吉育60号、吉育62号、吉育63号、吉育64号、吉育66号、吉育67号、吉育68号、吉育69号、吉育70号、吉育71号、吉育72号、吉育73号、吉育74号、吉育75号、吉育76号、吉育77号、吉育79号、吉育80号、吉育82号、吉育83号、吉育84号、吉育85号、吉育87号、吉育88号、吉育89号、吉育90号、吉育91号、吉育92号、吉育93号、吉育101号、吉育102号、吉农6号、吉农7号、吉农8号、吉农9号、吉农10号、吉农11号、吉农12号、吉农13号、吉农14号、吉农 15 号、吉农 16 号、吉农 17 号、吉农 18 号、吉农 19 号、吉农 20 号、吉农 21 号、吉农 22 号、吉农 23 号、吉农 24 号、吉豆 1 号、吉豆 2 号、吉豆 3 号、吉科豆 1 号、吉科豆 2 号、吉科豆 3 号、吉科豆 5 号、吉科豆 6 号、吉科豆 7 号、吉密豆 1 号、吉新豆 1 号、吉利豆 1 号、吉利豆 2 号、吉利豆 3 号、吉丰 1 号、吉丰 2 号、吉丰 4 号、吉青 1 号、吉青 2 号（吉青 38 号）、吉青 3 号、吉黑 1 号（吉黑 38 号）、吉引 81 号（国）、吉原引 3 号、集 1005、金圆 20 号、九丰九号（国）、九农 21 号、九农 22 号、九农 23 号、九农 24 号、九农 25 号、九农 26 号、九农 27 号、九农 28 号、九农 29 号、九农 30 号、九交 31 号、九农 33 号、九农 34。

K：垦丰 14 号（国）。

L：岭引 1 号、岭引 2 号、临选 1 号。

M：蒙豆 14 号（国）。

P：平安豆 7 号（平安 1007）、平安豆 8 号（平安 1008）、平安豆 16（平安 1016）、平安豆 49 号。

S：四农 1 号、四农 2 号、绥农 14（国）。

T：通农 12、通农 13、通农 14。

X：相文 88－8、相文 88－9、相文 88－A。

Y：延农 8、延农 9、延农 10 号、延农 11 号、延农小粒豆 1 号、延院 1 号、原育 20 号。

Z：杂交豆 1 号、杂交豆 2 号、镇引黑 1 号。

79. 目前，吉林省省审的高粱品种主要有哪些

A：敖杂 1 号。

B：白杂 5 号、白杂 6 号、白杂 7 号、白杂 8 号。

C：长粱 4 号、长杂 5 号。

F：凤杂 4 号。

J：吉粱 1 号、吉粱 2 号、吉粱 3 号、吉粱 5 号、吉粱 6 号、吉杂 52 号、吉杂 76 号、吉杂 77 号、吉杂 80 号、吉杂 83 号、吉

杂 87 号、吉杂 90 号、吉杂 95 号、吉杂 96 号、吉杂 97 号、吉杂 98 号、吉杂 99 号、吉杂 203 号、吉杂 118 号、吉杂 304 号、吉杂 305、吉糯 2 号、吉农 8 号、金粱 1 号、金粱 5 号、九甜杂 1 号、九甜粱 1 号、九甜粱 2 号、九粱 8 号。

S：四杂 4 号、四杂 25 号、四杂 29 号、四杂 30 号、四杂 31 号、四杂 36 号、四杂 40 号。

Y：源杂 1 号。

80. 农民朋友在选购种子时应当注意哪些问题

农民朋友在选购农作物种子时，应增强科学意识、风险意识和自我保护意识，一定要多看、多听、多问，避免上当受骗，同时要注意以下几点：一是慎重选择种子经营单位。二是应当购买质量合格、适宜当地种植的品种。三是认真查看种子包装标识。四是仔细阅读使用说明。五是要完整保存好购种凭证、种子标签和包装袋。

81. 哪些种子经营者是合法的种子经营者

合法的种子经营者主要包括：

（1）具有种子经营许可证和营业执照的种子公司。

（2）具有种子经营许可证的种子公司依法设立的分支机构、分公司。

（3）农作物种子备案登记证、营业执照标注经营范围为"代销种子"的种子的经营者。

（4）农作物种子备案登记证、营业执照标注的经营范围为"销售不分装种子"的种子的经营者。

82. 2007 年吉林省农委评定的诚信种子企业有哪些

2007 年吉林省农委评定的诚信种子企业有 18 家，分别是：吉林长融高新技术发展种业有限公司；吉林省吉东种业有限公司；长春奥瑞金种子科技开发有限公司；吉林省郝育种业有限公司；通化市通农种业科技有限公司；松原市利民种业有限责任公司；吉林农大科茂种业有限责任公司；长春市大龙种子有限公司；公主岭市银河种业科技有限公司；吉林省平安种业有限公司；四平市金硕种子科技发展有限公司；吉林省长吉种业有限公司；通化市宝丰种业有限公司；吉林市宝丰种业有限公司；吉林省德丰种业有限公司；吉林市宏业种子有限公司；吉林省育强种业有限公司；吉林省稷秌种业有限公司。

83. 什么是高淀粉玉米？高淀粉玉米品种主要有哪些

高淀粉玉米是指淀粉含量在72％以上的玉米。属于高淀粉玉米品种主要有：吉单39、吉单136、吉单137、吉单198、吉单257、吉单261、吉单505、吉单517、吉单535、郑单958、农大364、益丰10、郝育8、郝育21、东单213、奥玉20、屯玉88、泽玉19、利民15、白山7、吉农大518、吉农大568、吉农大588、长单506、平全13、科泰6、四育18等。

84. 什么是高油玉米？高油玉米品种主要有哪些

高油玉米是指脂肪含量在8％以上的品种。属于高油玉米品种主要有：吉油199、春油1、通油1、城油6等。

85. 什么是饲料玉米？饲料玉米品种主要有哪些

饲料玉米是指干物质粗蛋白质含量在7％以上，粗纤维含量不高于55％的玉米。属于饲料玉米品种主要有：吉饲8、吉饲9、吉新306、吉单185、绿育9911等。

86. 什么是糯玉米？糯玉米品种主要有哪些

糯玉米是指支链淀粉含量在98％以上的玉米。属于糯玉米品种主要有：粒用型有春糯5、吉糯10、绿糯1号、绿糯2号、吉农糯4、春糯8；鲜食型有垦黏1、春糯1、九甜黏、吉农糯1、京科糯2000等。

87. 什么是高油大豆？高油大豆品种主要有哪些

高油大豆是指脂肪含量在22％以上的大豆。属于高油大豆品种主要有：九农22、九农28、九农29、白农9、长农12、长农13、长农16、长农17、长农20、长农21、吉林47、吉林48、吉育54、吉育57、吉育58、吉育60、吉育64、吉育67、吉育72、吉育 89、吉育 92、吉科豆 1 号、吉农 9、吉农 20、延农 9、平安豆 7 号等。

88. 什么是高蛋白大豆? 高蛋白大豆品种主要有哪些

高蛋白大豆是指蛋白质含量在 44% 以上的品种。属于高蛋白大豆品种主要有：长农 15、九农 20、延院 1、通农 12、通农 13、吉育 59、吉育 63、吉育 69、临选 1 号等。

89. 什么是出口型小粒豆? 出口型小粒豆品种主要有哪些

出口型小粒豆是指百粒重在 8~10 克的小粒型大豆，主要用于出口。属于出口型小粒豆品种主要有：吉林小粒 1 号、吉林小粒 4 号、吉林小粒 7、吉林小粒 8、吉育 101、吉育 102、通农 14 号等。

90. 什么是优质水稻? 优质水稻品种主要有哪些

优质水稻是指在二级米以上的水稻。属于优质水稻品种主要有：吉粳 81、吉粳 83、吉粳 88、超产 1、松粳 6、秋田小町、通粳 611、农大 7、农大 19、五优 1 号、平粳 8、平粳 7、吉粳 803、长白 19、通育 239 等。

91. 农民朋友如何从外观上判断新、陈玉米种子

从种子外观来看，与同一品种的新种子相比，陈种子经过长时间的贮存干燥，种子自身呼吸养分消耗过大，往往颜色较暗，胚部较硬，用手掐其胚部角质较少，粉质较多，而且陈种子易被米象等虫蛀，往往胚部有细圆孔等，将手伸进种子袋里面抽出时，手上有粉末。相反，新种子光泽度好，子粒饱满，不易被虫蛀。

92. 农民朋友怎样才能做到"良种良法"配套

农民朋友在选购良种时，一般对种子的真假、价格、产量极为关注，但对科学种植却不够关心，结果有时买回的种子虽然是正宗高产的良种，生产中却未能获得理想的收成。其实农民朋友在选购良种的同时，还要注意科学种植，做到"良种良法"。一是根据适宜种植范围选择良种。二是根据环境条件选择良种。三是根据种植目的选择良种。四是根据综合抗性选择良种。

93. 农民朋友在购种时有哪些权益

一是自主权，农民朋友有权按自己意愿购种，任何单位和个人不得强买强卖；二是知情权，售种者应如实告之品种的质量、特征特性、栽培要点、注意事项等内容；三是公平交易权，农民朋友购种时有权获得质量保障、价格合理、计量正确等公平交易的权利；四是依法获得赔偿的权利，因种子质量问题造成的损失，农民朋友有权获得赔偿。

94. 农民朋友在选择品种时如何做到合理搭配

农民朋友可以采取高产品种与稳产品种搭配，粮食作物品种与经济作物品种搭配，新品种与老品种搭配的方法。对从未种植过的新品种，不能偏听偏信商家的宣传，应少量购买进行试种，表现好后方可大量购买使用，以免造成经济损失。

95. 农民朋友怎样因地选种

根据地势选种。岗地地温较高，宜选择生育期相对偏长的品种；平地地温正常，宜选择熟期正常的品种；洼地冷凉，宜选择熟期偏早的品种。

根据土壤肥力选种。地力好的地块宜选择喜肥水的高产品种；地力较差的地块，宜选择耐瘠薄的品种。

96. 农民朋友怎样根据前茬选种

如果前茬是大豆，土壤肥力较好，宜选高产品种；如果前茬玉米生长良好、丰产，可以继续种这一品种；如果前茬玉米感染某种病害，选种时应避开易染此病的品种或种植其他作物。另外，在某一地块，一个品种连续种三四年后，会出现地乏、产量下降的现象，应当更换新品种。

97. 农民朋友如何根据降水和积温选种

一般的经验是，上年冬季降雪量小，冬季不冷，则第二年夏季降雨就会比较多，积温不会高，因此不提倡使用生育期很长的品种，以防积温不够，影响成熟。反之，如果上年冬季降雪量大，冬季很冷，则第二年夏季降雨一般偏少，积温偏高，在选择品种时应注重品种的抗旱性，可以选种生育期长一些的品种。注地可以适当种些中晚熟品种。

98. 农民朋友购种时如何仔细查看种子包装标签

进入流通环节销售的种子应当加工、分级、包装并附有种子标签。农民朋友在选购种子时应认真核查 5 项内容：一查种子包装与种子标签内容是否相符，不购买二次封包或包装与标签不符以及无包装和包装破损的种子。二查种子质量指标，不购买质量低于国家规定二级标准的种子。三查品种审定编号，不购买无审定编号或审定编号标注不正确、不规范的种子。四查种子生产、经营许可证编号，不购买无种子生产、经营许可证编号或生产、经营许可证编号与生产、经营许可证不相符的种子，避免购买无证生产、经营的种子。五查种子生产年月，防止购买陈种子，若必须购买陈种子应适当加大播种量，避免因种子芽势弱、拱土能力差，出现缺苗、断条的现象。

99. 农民朋友在购买种子时要做到哪四"不"

（1）不要贪图便宜，以防买到伪劣种子，结果得不偿失。

（2）到正规单位购种，不要盲目相信不法商贩的承诺。

（3）不要轻信一些夸大宣传或广告，盲目引进新的品种，以免造成不必要的损失。

（4）要索要正规的种子销售凭证，不要接受无售种单位公章的字据或便条。

100. 农民朋友应在哪些地方买种子

要到正规的种子经营门店购买种子。所谓正规经营店，是指依法取得种子经营许可证的经营者和持有种子经营许可证的经营者在规定的有效区域内设置的分支机构，以及接受具有种子经营许可证的经营者以书面委托代销其种子和专门经营不再分装种子的经营者设立的经营门店。

101. 农民购种后为什么要索取并保存种子销售凭证

种子销售凭证既是种子销售的结算凭证，也是解决涉种纠纷的重要证据之一。因此，农民在购种终了时必须向种子经营者索取种子销售凭证，认真核对所购种子数量、品种、产地、价格、金额等内容与种子销售凭证标注的内容是否相符；核对经营门店收款专用章与工商营业执照标注的单位名称是否一致；核对加盖的收款员、开票员个人名章是否清晰可辨。发现问题要及时更正，不留后患。在种子下播前必须留出少许种子样品，连同种子包装袋、购种凭证、种子标签等妥善保管。

吉林省已经制定了统一的种子销售凭证式样，农民朋友在购种时一定要索要省里统一式样的种子销售凭证。

102. 价位越高越是好种子吗

当前，有一些农民朋友购种时认为价位越高越是精品，其实，种子高产与否同价格高低没有必然联系。一般来讲，制种产量低的品种，新审定（认定）的品种，稀有品种和从外地新调入的品种要比一般品种价格高，但这些品种并不一定适宜自己种植。现在一些不法商户混淆原种、杂交种或常规种的价格，或冠以"精选""精品""正宗"等名义，牟取暴利。盲目选购价格高的品种，会加大种植成本，但并不一定能获得理想的收成。

103. 新品种一定比老品种好吗

不少农民朋友认为只要是新品种就一定比老品种好，其实这种认识是不正确的。因为每个品种都有其适宜的区域，新品种在不适宜的区域种植，再新也不会高产。因此农民朋友在选购种子时，千万不能"盲目求新"，要仔细查看品种的适宜区域，没有合适的新品种，使用种过的老品种，也会获得好收成。

104. 去年哪个品种高产今年接着种就会高产吗

庄稼丰收是多种因素综合作用的结果，其中气候条件就是影响庄稼生长的重要因素之一。因此购买种子，一定要把握好当地气象条件的变化。气象条件如果有较大的变化，种植的品种就应该相应地改变。否则就容易走上去年什么品种高产，今年跟着买，这样一年跟一年，年年跟不上的怪现象。

105. 为什么在购种前要先预测市场

农民在选择品种时不仅要适合当地的自然条件，还要适合当地的市场需求。比如农民在选购高油、高淀粉等专用玉米品种时，既要考虑是否适合本地种植，又要考虑周围是否有大型加工企业专门收购，以及是否实行优质优价政策等。如果农民朋友感到把握不住市场，那么在选购品种时就得掂量掂量，多请教、多咨询，确保种植的品种既能增产，又能适销对路，实现增收。

106. 为什么在选种时最好实行多品种搭配

实行多品种搭配可以最大限度地保证农业生产安全。一般来说，品种的表现年际间有差异，特别是近些年，吉林省的气候区域性表现异常，对农作物品种的表现影响较大。选种时实行多品种搭配，可增加群体的基因类型，增强群体的抗逆表现，从而保证作物产量。通俗地说，东边不亮西边亮，这个品种表现差一些，另一个品种可能就会表现好一些，互相加以弥补。

107. 如何准确辨别蔬菜种子的新陈

可采用看、闻、搓等方法来检验。十字花科蔬菜种子用指甲重压或将种子放在桌面上，用手后掌稍费力来回搓动几下，粒皮难以脱开，用手捏有黏性的，且粒呈绿黄色或浅黄色的多为新种；陈种子则表面晦暗无光泽，有时表皮上还附有"盐霜"，剥开闻一闻，有轻微油哈喇味，油分也少，用指甲重压，子叶易碎，粒皮容易分开。茄子、辣椒、西红柿等茄科蔬菜种子，新种子一般呈乳黄色，有光泽，而陈种子则是土黄色或黄色；辣椒新种子辣味较浓，陈种子味淡甚至有一股霉味；四季豆、豇豆、豌豆等豆科蔬菜种子，新种子油光亮泽、饱满，富含油分，有香气，口咬有涩味，子叶明显绿色，陈种子口咬无涩味，闻不到香气，子叶有深黄色斑纹。葱、韭菜等百合科蔬菜种子，用唾液润湿后仔细观察，粒面上有很小白芯的为新种子，无白芯的为陈种子；黄瓜、苦瓜等葫芦科蔬菜种子，新种子表皮有光泽、滑腻，富含油分，口咬有涩味，闻之有香气，而陈种子则表皮晦暗无光，有时还会出现黄斑，口嚼有哈喇味。

五、农民朋友如何贮藏保管良种

108. 种子贮藏的目的和任务是什么

种子贮藏的目的和任务就是通过改善种子的贮藏条件，加强贮藏期间的科学管理，使种子在贮藏期间的生理代谢及能耗维持在最低水平，使种子能在较长时间内保持生命力，延长种子的寿命；通过严格的仓库管理制度及种子处理技术，使种子无虫害、无霉变、无鼠雀危害，保证种子质量。

109. 农民朋友购种后如何贮藏

农民朋友购种后到播种前这段时间，要注意保管。一是防霉变，不要把种子装入有塑料内膜的编织袋内，防止闷种，要放在通风干燥的地方；二是防虫蛀，不要放在陈粮仓、囤或水泥缸内；三是防鼠咬，可装袋吊存；四是防混杂，不要与商品粮混放，防止以粮作种或误将种子作为饲料、粮食处理。

110. 如何安全贮藏保管种衣剂

种衣剂购买后不能马上使用的，不要打开包装，存放在小孩拿不到的安全地方，严禁和粮食、食品等存放在同一个地方。搬运时，严禁吸烟、吃东西。

111. 种子为什么不能与化肥一起存放

化肥，一般指氮素肥料，如碳酸氢铵、尿素等，这类肥料在存放过程中容易受潮分解释放出氨气，与种子一起存放时，氨气接触到种子时，先被吸附在种子表层，以后逐渐渗透到细胞里面去，损害种胚，破坏它的呼吸功能，会严重地影响种子的生活力，使发芽率显著降低。当氨气浓度较高时，在很短时期内种子就变成灰暗色而完全死亡，因此种子不宜与化肥在同一仓库存放。

112. 种子生了虫子怎么办

种子生了虫子要及早采取措施，采用安全、经济、有效的防治方法治虫，使损失减少到最低程度。常用的方法有物理法、机械法和化学法3种：

（1）物理法治虫　可利用日光曝晒或冷冻，既可杀虫又可降低种子水分。注意不要在水泥地面上曝晒，以防影响发芽率；种子含水量超过安全贮藏界限时不宜冷冻，以防冻死。

（2）机械法治虫　是利用人力或动力机械如清选机、风车、筛子等除虫。

（3）化学药剂法治虫　常用药物有磷化铝、敌敌畏等。使用剂量按药品说明书，要特别注意操作规程和技术，防止意外事故发生。

113. 玉米种子如何安全贮藏

影响玉米种子安全贮藏的主要因素是水分与贮藏温度。含水量14％以上的种子，只能进行短期贮藏；度夏贮藏的种子，水分应在14％以下；备荒贮藏的种子水分应在13％以下。在北方度夏贮藏的玉米种子，宜采取低温密闭的贮藏方法，可以将种温降低2℃～3℃，以便保持种子较高的活力。

114. 如何防止水稻种子霉变

防止水稻种子霉变的主要措施是种子干燥和密闭贮藏。种子水分控制在13.5％以下，就能抑制真菌的生命活动。所以，充分干燥的水稻种子，只要注意防止吸湿返潮，保持其干燥状态，就可以不发生霉变。

115. 怎样贮藏高粱种子

贮藏高粱种子，要注意防潮、防虫。高粱子粒含有70％左右的糖类和10％的蛋白质，因此高粱的平衡水分较高。虽然红皮的品种含有单宁，会降低种皮的透水性，但由于含有较多的亲水胶体，仍容易吸湿。特别是着壳率高的子粒，易混有杂质和细菌等，容易发霉。高粱的种皮薄，易受虫害。贮藏前首先要晒干扬净，把水分降到 12% 左右，选用防潮、防虫、防鼠的贮藏器具贮藏。

116. 怎样贮藏好大豆种子

大豆含有较高的油分和非常丰富的蛋白质，较难贮藏。长期安全贮藏水分含量必须在 12% 以下，最好在 9%~10% 之间，超过 13% 有霉变危险。贮藏前要将破损粒、冻伤粒、虫蛀粒和病变粒剔除干净，提高贮藏稳定性。贮藏一段时间之后，即 3~4 周，大豆种子一般会有后熟作用，放出大量湿气和热量，应结合过筛除杂，趁晴天进行倒仓通风散湿，以防霉变。

117. 家庭贮存良种防蛀虫的方法有哪些

(1) 黑白灰防蛀法　在盛装种子的容器底面平铺 5 厘米厚的生石灰，上盖纱布或报纸，把种子堆放好后再在表面加盖纱布或报纸，覆盖 5 厘米厚的新鲜干燥草木灰，盖严盖子，密闭贮存。

(2) 烟骨叶防蛀法　容器底部放 7~8 片黄烟叶，种子堆上面也同样铺放 7~8 片黄烟叶或切碎的烟骨丝，加盖密闭。

(3) 中草药防蛀法　将花椒、山苍子、除虫菊、桃树叶、辣蓼草等晒干研成粉末，混合装成 250 克/袋，放在贮存种子的中间，上层放 1~2 袋，每袋可储种子 50 千克。

(4) 化学药剂防蛀法　用敌敌畏 80 克加水 80 克搅匀，将团状旧棉絮或火砖、烂布浸入药液中，捞起后用布或报纸包好，放在容器底部或上层，每 50 千克放一块。

六、农民朋友如何使用良种

118. 什么是活动积温和有效积温

活动积温：高于生物学下限温度的日平均温度称活动温度。一段时间内活动温度的总和称活动积温。

有效积温：活动温度与生物学下限温度之差称有效温度。一段时间内有效温度的总和称有效积温。

119. 如何划分早、中、晚熟品种

品种熟期主要是依照品种的生育期来划分的。生育期通常指出苗至成熟所经历的天数。生育期的长短与品种特性、生态环境和播种期的早晚有密切的关系，主要取决于营养生长期的长短与灌浆期的长短。早、中、晚熟品种的划分标准是由生育期长短，即生长、发育的天数决定的。

在吉林省，早熟品种生育期为 100 天左右，中熟品种生育期为 124 天左右，中晚熟品种生育期为 128 天左右，晚熟品种生育期为 130 天以上。

120. 如何用"土法"做发芽试验

（1）将种子取 100～200 粒，把种子摆放在潮湿的毛巾中卷起，然后用绳把毛巾卷吊在装有 30℃～40℃温水的暖壶中，轻轻盖好瓶盖，定期观察温度和湿度，7 天左右看发芽率。

（2）用农村的火炕、暖气做发芽试验　取种子 100～200 粒，把种子摆放在湿毛巾中卷起，然后把湿毛巾卷用塑料袋包好，放在垫有几本厚书（厚度根据温度决定）的火炕或暖气上，用棉被盖好，保持温度和湿度。种子的温度用垫书的薄厚来调节，一般以 25℃～30℃为宜，3 天看发芽势，7 天看发芽率。

（3）随身携带法　取种子 100～200 粒，把种子摆放在湿毛巾中卷起，把湿毛巾卷用塑料袋包好，然后装在胸前贴身的衣兜内，随身携带 7 天，看发芽率，定期观察湿度，保持种子湿润。

121. 标准的种子发芽要具备哪些条件

（1）水分和通气　发芽期间发芽床必须始终保持湿润，发芽期间应使种子周围有足够的空气，注意通气。

（2）温度　温度适宜时种子发芽正常，温度太高太低对种子发芽都不利。不同作物种子发芽所需温度不同。一般夏季作物种子发芽时要求温度以 20℃～30℃为宜，冬季作物种子发芽时要求以 20℃～25℃为宜。

（3）光照　大多数作物的种子可在光照或黑暗条件下发芽，

但标准的发芽条件，一般采用光照。

(4) 打破休眠和去除硬实　有些种子有休眠的习性，有些种子外面有坚硬的外壳，在发芽前应想办法打破休眠和去除硬实。

国家规定，标准的玉米种子的发芽实验，一般用沙子做发芽床，温度设定为 25℃ 或 20℃ 恒温，或 20℃～30℃ 变温，并保证适宜的水分和光照，发芽持续时间为 7 天。

122. 如何计算玉米的种植株距

株距＝用地面积/株数/行距。

例如：每 667 平方米植 4 000 株，行距 0.5 米，则株距＝667/4 000/0.5＝0.33 米。

123. 合理密植的原则是什么

(1) 因地力和肥水条件确定密度　肥地宜密，瘦地宜稀，肥水条件好宜密，肥水条件差宜稀。

(2) 因品种特性确定密度　紧凑型品种宜密，平展型品种宜稀，早熟品种宜密，晚熟品种宜稀，矮秆品种宜密，高秆品种宜稀。

(3) 因生态条件确定密度　南种北移生育期延长，植株变高，密度应相应缩小；北种南移生育期缩短，植株变矮，密度应相应增大。

(4) 因种植形式确定密度　种植形式不同，群体通风透光状况不同。凡是有利于通风透光的种植形式都应适当增大密度，反之则相应减少密度。如果是间作就可适当增加密度。

124. 玉米田间密度过大有哪些弊端

(1) 会造成田间郁蔽，植株之间相互遮阳会使茎秆徒长、纤细，极易发生倒伏。

(2) 空秆率上升。

(3) 穗小，子粒不饱满。

(4) 通风透光不良，遇高温高湿天气，发病率显著上升。

125. 什么叫种衣剂

种衣剂顾名思义就是给种子穿衣的药剂。它由杀虫剂、杀菌剂、复合肥料、微量元素、植物生长调节剂、缓释剂和成膜剂等加工制成的药肥复合型种子包衣新产品。该产品具有杀灭地下害虫和苗期害虫，防治种子带菌和根部苗期病害，促进生长发育，改进品质，提高产量的功效。

126. 种衣剂有哪些作用

（1）促使良种标准化、商品化　使用种衣剂包衣后可以提高种子质量，使出苗齐、全、壮得到保障，同时节省种子。另外带有警戒色，杜绝了粮、种不分。

（2）综合防治病、虫、鸟、鼠害及缺素症　包衣种子播入土中，种衣剂在种子周围形成安全屏障，使种子消毒和防止病原菌浸染，如种衣剂含有锰、锌、钼、硼等微量元素，还可有效防治作物营养元素缺乏症。

（3）提高产量，改进产品质量　种衣剂可以促进生根发芽，刺激植株生长，提高田间保苗率，促早熟，进而提高作物产量和品质。

127. 怎样选用种衣剂

因所含的成分及用途的不同，种衣剂分为若干种型号，因此在使用时，应根据不同的作物、不同地区、不同使用目的来选择种衣剂。如在丝黑穗病多发区，要选用防治丝黑穗病的种衣剂，在春季地下害虫多发的地区，则要选用防治地下害虫的种衣剂。

128. 如何安全使用种衣剂

（1）种衣剂不能同敌稗等除草剂同时使用，如先使用种衣剂，需30天后才能使用敌稗；如先使用敌稗，需3天后才能播种包衣种子，否则容易发生药害，或降低种衣剂的效果。

（2）种衣剂在水中会逐渐水解，水解速度随土壤 pH 值及温度升高而加快，所以不宜和碱性农药、有机肥料同时使用，也不宜在盐碱较重的地方使用，否则会加速分解，影响效果。

（3）凡含有呋喃丹成分的各类种衣剂严禁在瓜、果、蔬菜上使用，尤其是叶菜类绝对禁用，因呋喃丹为内吸性毒药，残效期长，叶菜类生育期短，用后对人有害。

129. 种衣剂中毒后有哪些症状

大豆、玉米等种衣剂中的杀虫剂成分一般为克百威，中毒后多在半小时左右出现症状。表现为神经兴奋、面色苍白、呕吐、流涎、烦躁不安；部分病人口唇发紫、瞳孔缩小、抽搐、肌肉震颤等；有的病人出现腹泻、腹疼、肢体湿冷等，肺部听诊可出现干性啰音；有的病人心率加快，血压忽高忽低，口服量大者很快进入昏迷，如果抢救不及时，常因呼吸受到抑制而死亡。

130. 种衣剂中毒后怎样解救

（1）使中毒者立即离开污染区，并解开紧束部位。

（2）脱去被污染衣服，用清水或肥皂液清洗体表，特别是被农药污染的部位。

（3）喝1～2杯水后用手指抠喉咙后部，引起呕吐，排除毒物，使中毒者不再继续中毒。

（4）沾染眼部后，立刻用清水冲洗，之后遵医嘱服阿托品。若误服中毒，应反复催吐直到没有毒味为止。若进行人工呼吸或心脏按摩，不要口对口进行，若已失去知觉，则绝对不能喂食任何东西。

（5）中毒症状严重的，送医院急救。

131. 浸种有什么好处

播种前浸种可加快种子萌发前的代谢过程，加速种皮软化而促进萌发，缩短出苗时间。

132. 浸种多长时间才适当

浸种时间取决于水的温度和种子本身状况。水温高，吸水就比较快，可适当缩短浸种时间；种皮透水性好、种子含蛋白质多、种子粒小，吸水比较快，也可适当缩短浸种时间。一般情况下，浸种以种子泡透为止。特别要注意的是，目前推广的包衣种子不能浸种。

133. 常用的水稻浸种方法主要有哪些

（1）温汤浸种　在相当于种子重量的 5～6 倍的 55℃～56℃ 温水（2 份开水加 1 份凉水）中放入种子后不断搅拌，使水温 10 分钟后降到 20℃～30℃，以种子泡透为止。

（2）药剂浸种　药剂可根据农作物病虫的不同加以选用。最常用的有高锰酸钾、磷酸三钠、多菌灵等。浸种后要用清水冲去种子表面的药液，以免影响发芽。

（3）营养液浸种　用 500～1 000 倍磷酸二氢钾溶液浸种，可使幼苗生长健壮，提早出苗。用硼酸、硫酸铜、硫酸锌、钼酸胺等溶液浸种，可以补充作物所需的微量元素，提高产量。浸种浓度为 0.02%～0.1%。

134. 什么时间喷除草剂效果最好

（1）春旱地区最好在播种前施药，然后耕地混拌。没有机械耕翻的地方，可将药液施在破茬沟内，合垄后播种，这样坐水和喷除草剂两项工作一次完成，既省工，又省力，除草效果也不错（具体用药剂量参考除草剂说明书）。

（2）春季墒情好的地块，在播种后出苗前用除草剂做土壤封闭处理（具体用药剂量参考除草剂说明书）。

（3）出苗期以后如果出现草荒，可用茎叶处理剂（2，4－D 丁酯加阿特拉津、烟嘧磺隆、百草枯）进行叶面处理（具体用药剂量及使用方法、时期参考除草剂说明书）。

135. 农作物常用的种植方式有哪几种

清种：指在一个生长季节内，在一块地上只种一种作物。

间种：指在同一生长季节内，将两种或两种以上生育期相同或相近的作物，按照一定的行比间隔种在同一块地上。

套种：一年内，将两种或两种以上生长季节不同的作物前后种在同一块地上，在前季作物收获前，把后季作物播种在前季作物行间。

复种：在一年内在同一块地先后种两种作物，在前季作物收获后再种后季作物，两季作物生育期不重叠。

136. 为什么间种、套种可以增产

（1）可以改善田间环境，充分利用环境资源。

（2）能够充分发挥边际效应，利用边行优势。

（3）充分利用生长季节。

（4）能利用作物间有利的对等效应。

137. 玉米稳产高产应采取哪些技术措施

（1）适时早播，合理密植是玉米稳产、高产的基础。

（2）施足底肥，适时追肥是稳产、高产的关键。

（3）加强关键时期的田间管理是稳产、高产的条件。

138. 为什么地膜覆盖可以增产

（1）可以提高土壤的温度，增加有效积温。

（2）具有抗旱、保墒和防涝作用。

（3）有利于保护土壤，防止水土流失。

（4）能使播期提早，延长作物生长发育的时间。

139. 玉米高产栽培技术主要有哪些

（1）选高产多抗的优良品种　品种是高产的基础，根据当地的无霜期和土壤条件选择高产多抗的优良品种，并且用种衣剂进行种子包衣处理。

（2）选地、整地　选择中等或中等以上的肥地种植。最好秋翻、秋耙、秋起垄或顶浆打垄。

（3）适期早播　当地温稳定在10℃时，适期早播。

（4）种植形式与密度　清种、间种、比空种植均可。因品种特征特性确定合理密度，肥地宜密，薄地宜稀。

（5）隔行去雄　玉米隔行去雄不但能减少养分的消耗，降低株高，防止倒伏而且能增加田间通风透光条件，可增产 $5\%\sim10\%$。

（6）田间管理　及时间苗、定苗，合理蹲苗，药剂除草，防治病虫害。

140. 什么是无霜期

无霜期是指地面最低温度＞0℃的初、终日期间持续的天数。无霜期的长短是选择作物品种的重要指标。

吉林省无霜期一般在 125～150 天。其中东部山区最短，125～130 天；中东部低山丘陵区 130～135 天；中西部平原区 140 天；集安岭南 150 天。

141. 玉米在生长过程中有哪些主要时期，生产上这些时期应如何进行管理

玉米生长一般可分为出苗期、拔节期、大喇叭口期、开花期、成熟期等。生产上可在这些时期采取适宜的田间管理措施，进而达到丰产的目的。

出苗期：当第一片绿叶从胚芽鞘中抽出，玉米苗高至 2 厘米为出苗，全田达到 60％以上时为出苗期，此时如果出苗不齐，可查田补苗，达到苗全、苗壮。

拔节期：用手触摸近地面植株基部，有硬结感觉，此时基部节间已伸长 2～3 厘米，全田达到 60％以上时为拔节期，在拔节期到拔节后 10 天内追肥，有促进茎生长和促进幼穗分化的作用。

大喇叭口期：棒三叶甩出，但未全部展开，新叶丛生植株上平中空状如喇叭，从上方用手摸可感觉到弹性，雌穗处于小花分化期。全田达到 60％以上时为大喇叭口期。此时如果追肥有促进穗大、粒多，减少小花退化作用，并对后期灌浆也有好处。

抽雄期：雄穗顶部从顶叶中抽出 3～5 厘米，全田达到 60％以上时为抽雄期。此时隔行去雄具有增产作用。

吐丝期：雌穗花丝吐出苞叶即为吐丝。全田达到 60％以上时为吐丝期。

成熟期：果穗苞叶变黄而松散，子粒脱水变硬，乳线消失，有的品种子粒基部（胚下端）出现黑帽层，表示玉米已经成熟。全田 80％以上植株达到成熟标准即为成熟期，如果达到此期就可以收获。

142. 陈蔬菜种子可以使用吗

蔬菜种子如果得到妥善保管，在一定期限内一般还可以作种子使用。但是胡萝卜、韭菜的陈种不易出苗，即使出苗也难以成活。葱也必须用新种子，陈种子长出的小葱容易结籽、产量低、品质差。

农民在使用陈种子时，应先做发芽试验，然后根据发芽率确定播种量。

143. 如何判断玉米是否成熟

判断玉米是否成熟的标志主要有3点：

（1）果穗苞叶变黄而松散。

（2）子粒脱水变硬、乳线消失。

（3）子粒基部（胚下端）出现"黑帽"层。

144. 玉米"棒三叶"指的是哪几片叶子，其在生产上有什么重要意义

棒三叶指穗所在的叶片以及穗上一片叶、穗下一片叶统称棒三叶。

从生理上讲棒三叶是主要的功能叶：

（1）棒三叶面积大，功能期长。

（2）棒三叶叶绿素含量高，光合作用强度大。

（3）棒三叶距离果穗最近，符合就近分配原则。

在生产中棒三叶是丰产的基础，在灌浆期棒三叶供给的营养占75％，其他叶片供给的营养只占25％左右。因此，在生产上不能破坏棒三叶，大喇叭口期要加强肥水管理，充分发挥棒三叶的生理作用。

145. 玉米对氮、磷、钾的需要量及吸收规律是什么

玉米的一生需要从土壤中吸收矿质营养元素，其中以氮素最多，钾次之，磷居第三位。以吉林省为例，每生产100千克玉米子粒需从土壤中吸收纯氮2.86千克，磷1.14千克，钾2.63千克。玉米在不同生育阶段对氮、磷、钾三元素的吸收量不同，苗

期少，中期增多，后期较多。特别注意的是从吐丝至成熟还要从土壤中吸收全氮的 46.7%，对钾的吸收集中在中期和前期，后期不用追施钾肥。

146. 玉米空秆发生的主要原因是什么？如何预防

（1）主要原因

①肥水不足，生长发育不良。

②密度过大，营养供应不足。

③玉米叶片过于宽大遮挡花丝，影响授粉。

④低温寡照，营养物质积累不够。

（2）预防措施　加强肥水管理，合理密植，增加田间通风透光性。

147. 玉米生长中需要哪些营养元素

高等植物所必需的营养元素有：碳、氢、氧、氮、磷、钾、钙、镁、硫、铁、硼、锰、铜、锌、钼及氯等 16 种元素。由于它们在作物体内含量不同，又可分为：

（1）大量营养元素　它们在作物体内约占干物重的千分之几到百分之几十。如碳、氢、氧、氮、磷、钾、钙、镁、硫等。

（2）微量营养元素　它们在作物体内约占干物重的千分之几以下到十万分之几。如铁、硼、钼、氯等。

（3）中量营养元素　它们是介于大量和微量元素之间的营养元素有锰、铜、锌等。

148. 化学除草剂有哪几类

化学除草剂分为选择性除草剂和灭生性除草剂两大类。

选择性除草剂是利用其对不同植物的选择性有效防除杂草，如乙草胺、阿特拉津等。

灭生性除草剂对植物没有选择性，草、苗不分，因此不能用在生产的农田上，只能用于田边、工厂、仓库、休闲地等除草。

149. 使用化学除草剂应注意哪几个问题

（1）合理掌握施药时间，玉米播种后至出苗前药剂封地。要注意收听天气预报，掌握在雨前喷施，除草效果最好。

（2）合理掌握使用剂量，药剂浓度不能大也不能小，按使用说明书确定合理剂量。

（3）应在三级风以下时施药，避免大风天气施药，防止飘移产生药害。

（4）如果用拖拉机施药，行驶速度不能过快，以匀速行驶为好。

（5）施药时不能重喷也不能漏喷，做到喷药均匀适量。

150. 玉米田除草剂药害发生的主要原因是什么

据有关专家分析，造成去年吉林省玉米田药害发生严重并且较普遍的原因有二：一是在玉米播种后出苗前采用土壤封闭用药的，存在部分农民使用除草剂过量或过晚的现象，致使玉米出苗后出现畸形、黄化甚至死苗的情况。阶段性低温多雨也是加重药害的主要原因。二是在玉米出苗后采用茎叶处理用药的，存在由于前期干旱，玉米田杂草较少，部分农民先期购买的土壤封闭除草剂在苗期误用而造成的药害；使用苗后茎叶处理除草剂的，也存在由于使用时期不当，用药量大，浓度高而造成的药害。特别是进入 6 月份以来，省内大部分地区长期处于高温干旱的情况，在此条件下，有些苗后茎叶除草剂对部分敏感的玉米品种造成了不同程度的药害。

七、农民朋友因种子质量问题造成损失如何维权

151. 农民朋友使用种子发生民事纠纷应如何解决

一是农民先要找种子经营者协商解决；二是协商不成的请当地种子管理机构或有关部门进行调解解决；三是调解不成的可以向仲裁机构申请仲裁；四是可以直接向人民法院起诉。

152. 种子出现质量问题之后，应当向谁索赔

经有关法定部门鉴定后确属种子质量问题而遭受损失的，直接售种的经营者应首先对农民朋友进行赔偿，属于种子生产者或者其他经营者责任的，经营者再向种子生产者或者其他经营者进行追偿。这就是通常所说的"先赔偿，后追偿"。

153. 农民朋友因涉种问题在维权时应注意什么

农民朋友购买种子，一旦出现质量问题，要学会运用法律武器维护自身权益，并注重维权的两重性。一是维权的合法性。凡因气候条件、虫害、病害、人为因素等导致的非种子质量事故的不在维权之列。另一个是维权的及时性。无论在种子下播前还是种子下播后，发现种子有质量问题应及时与种子经营者取得联系，双方可根据实际情况通过协商或者调解解决，避免贻误农时，造成不应有的经济损失。若双方不愿意协商、调解或调解未成的，可申请仲裁或直接向人民法院提起诉讼。

154. 生产经营假劣种子应承担什么责任

《种子法》规定，生产经营假、劣种子的，由县级以上农业行政主管部门或工商行政管理机关责令停止生产、经营，没收种子和违法所得，吊销种子生产经营许可证或者营业执照，并处以罚款；有违法所得的，处以违法所得5倍以上10倍以下罚款；没有违法所得的，处以2000元以上5万元以下罚款；构成犯罪的，依法追究刑事责任。

155. 农民朋友如果买到劣质种子应如何投诉

农民朋友如果买到劣质种子可以向当地种子管理部门投诉，在投诉时应注意以下问题：一是投诉前先与种子经营者或生产者取得联系，反映种子质量情况，采取协商解决。种子经营者在接到投诉时，确实属于种子质量问题的，一般都会设法解决。二是投诉要求要合理合法。投诉者一定要根据实际情况投诉，切不可夸大事实，也不应隐瞒自己在使用中的不当行为，否则会加大执法工作难度，使问题难以及时解决。三是投诉要及时。投诉者如

果同经营者协商不成，要及时投诉，切不可拖延时间。如种子出苗不全，应在农作物苗期投诉，这样可及时采取补救措施，将损失减少到最低。四是投诉时提交的材料要真实、齐全、完整。投诉者投诉时要写投诉书，内容包括姓名、地址、联系电话、购买种子日期、价格、数量、销售单位或生产单位；种子出现问题的具体时间、农作物生长（包括栽培、管理措施等）情况；因种子质量问题带来的损失；投诉要求和目的等，另外要附有效证明材料，如购种凭证、包装物、种子标签、剩余种子等。

156. 什么是种子质量田间现场鉴定

种子质量田间现场鉴定是指农作物种子在大田种植后，因种子质量或者栽培、气候等原因，导致田间出苗、植株生长、作物产量、产品品质等受到影响，双方当事人对造成事故的原因或损失程度存在分歧，为确定事故原因或（和）损失程度而进行的田间现场技术鉴定活动。

157. 为什么农民朋友在提出田间现场鉴定申请时要慎重

农作物受到的损害有多种原因，要注意区别是因种子质量造成的损害，还是气候、病虫、药害、肥害、栽培技术措施不当等原因造成的损害，以免鉴定结果对自己不利，既浪费了大量的时间、人力、物力，又损失了鉴定费。农民朋友在发现自己的农作物出现问题时，要先冷静下来，了解一下左邻右舍播种同一厂家生产的同一品种农作物的生长情况。若是其他农民的作物长势良好，原因就可能出在自己身上。如果其他种植户的同一作物与自己的农作物受到同样的损害，那就先通过12316新农村热线请教一下有关专家。如果属于气候、病虫、药害、肥害、栽培技术措施不当造成的损害，就不要申请田间现场鉴定，而要积极采取其他措施减少损失。确实是种子质量问题引起的损失，可联合起来共同申请鉴定。这样，才能更有效地保护自己的合法利益。

158. 农民朋友应如何选择合适的田间现场鉴定受理机构

根据《田间现场鉴定办法》的规定，县级以上种子管理机构都可以受理。但一个时期以来，种子质量纠纷的当事人大多直接到省级种子管理机构申请田间现场鉴定，这样做虽不违反鉴定程序，但申请和鉴定都比较麻烦，不仅时间长，费用也大。如果对田间现场鉴定书有异议，提出再次鉴定，组织实施难度就更大，费用也就更多。因此，原则上所有鉴定申请都应到县级种子管理机构提出，除非种子质量纠纷涉及的损失特别大，或者种子使用者、经营者不在同一行政区域管辖，可能影响田间现场鉴定客观、公正的，才可向上一级种子管理机构提出。

159. 农民朋友如何填写田间现场鉴定申请

针对种子质量所反映出的问题，农民朋友在提出鉴定申请时，需鉴定地块的作物生长期不能错过该作物典型性状的表现期。在填写鉴定目的和要求时，一定要把内容斟酌好，要把最主要涉及种子质量的问题表述出来，如果担心自己提出的内容不准确，可以向有关专家进行咨询，请他们帮助，以免走弯路。如某县50户农民购买了进口西瓜种子，种了5公顷，满心希望能获得高产，但却出现了畸形果多，单果小，不但产量低，售价也非常低。眼看希望化成泡影，农民们申请了田间现场鉴定，但在填写鉴定内容时，只提出鉴定畸形果的原因，没有提出鉴定该批种子的真假。第一次鉴定结果是因气候原因造成畸形果，而该批种子实际是假种子。虽然几经周折最后为农民挽回了一定的经济损失，但农民却付出了很多精力和时间。

160. 为什么需鉴定的地块要保持自然状态

在种植后发现种子质量有问题的，农民朋友应当及时提出现场鉴定申请，并保持种植作物的田间自然状态。例如2005年8月初，一位农民带来5株西红柿要求鉴定。原因是他春季购买的种子，5月初播种，经过细心管理，7月底收获时，发现西红柿有问题，向种子经销商联系索赔未果，为了减轻全年的经济损失，将地里的0.5公顷的西红柿地翻耕，准备种下一茬蔬菜。由于没有保护好鉴定现场，无法进行田间现场鉴定，农民无法得到经济赔偿。

161. 农民朋友在申请田间现场鉴定时，为什么要珍惜选择专家的权利

在申请田间现场鉴定时，申请人有从专家库中选择专家的权利。在选择专家时一定要慎重，选择那些不仅理论水平高，而且实践经验丰富，尤其是具有自己需要鉴定的品种方面的专长，并能主持公道、正义的专家。如果农民朋友不熟悉各个专家的特长，可以咨询负责主持鉴定的种子管理部门，也可以咨询科研院校的有关专家，请他们给出主意，想办法。总之，农民朋友一定要用好自己选择专家的权利，不要以对专家不了解为由，轻而易举地放弃选择专家的权利。

162. 农民朋友在田间现场鉴定时有哪些义务

一是农民朋友应当按照专家鉴定组的要求说明有关情况，并提供真实资料和证明。不得干扰田间现场鉴定工作，不得威胁、利诱、辱骂、殴打专家鉴定组成员。对寻衅滋事，扰乱现场鉴定工作正常进行的，依法给予治安处罚或追究刑事责任。二是主动缴纳专家鉴定费。农民朋友申请田间现场鉴定，应当按照《农作物种子质量纠纷田间现场鉴定办法》《吉林省农作物种子管理条例》的规定及种子管理机构的要求先行缴纳鉴定费。鉴定费待结案后由责任方承担。

163. 为什么申请农作物种子质量纠纷田间现场鉴定要及时

田间现场鉴定的目的就是组织专家，通过对现场农作物的生长状况和表现，科学地判定事故的原因或（和）损失的程度，要求现场能够保持完好，同时能够客观地反映真实情况。如需鉴定地块的作物生长期已错过该作物典型性状表现期，从技术上已无法鉴别所涉及质量纠纷起因的，就不能进行田间现场鉴定。因此要求农民朋友，如果发现所使用的种子存在质量问题，要及时申请鉴定，以免错过鉴定的最佳时期，给索赔和维权带来困难。如种子发芽率的纠纷，应在苗期提出鉴定申请，种子真实性和纯度

的纠纷，应在收获前提出鉴定申请。

164. 农作物种子质量纠纷田间现场鉴定由谁来提出申请

种子质量纠纷处理机构根据需要可以申请田间现场鉴定；种子质量纠纷当事人可以共同申请田间现场鉴定，也可以单独申请田间现场鉴定。

165. 农作物种子质量纠纷田间现场鉴定由谁组织

种子质量纠纷田间现场鉴定由县级以上种子管理机构组织专家鉴定组进行。

166. 在什么情况下种子管理机构可以不受理农作物种子质量纠纷田间现场鉴定的申请

（1）需鉴定地块的作物生长期已错过该作物典型性状表现期，从技术上已无法鉴别所涉及质量纠纷起因的。

（2）司法机构、仲裁机构、行政主管部门已对质量纠纷做出生效判决和处理决定的。

（3）受当前技术水平的限制，无法通过田间现场鉴定的方式来判定所涉及质量问题起因的。

（4）该纠纷涉及的种子没有质量判定标准、规定或合同约定要求的。

（5）有确凿的理由判定质量纠纷不是由种子质量所引起的。

（6）不按规定缴纳鉴定费的。

167. 参加农作物种子质量纠纷田间现场鉴定的专家要具备什么条件

专家鉴定组由鉴定所涉及作物的育种、栽培、种子管理等方面的专家组成，必要时可邀请植保、气象、土壤肥料等方面的专家参加。参加鉴定的专家应当具有高级以上专业技术职称，具有相应的专门知识和实际工作经验，从事相关专业领域的工作5年以上。

纠纷所涉品种的选育人为鉴定组成员的，其资格不受上述条件的限制。

168. 种子质量纠纷田间现场鉴定的专家鉴定组人数应为多少

专家鉴定组人数应为 3 人以上的单数，由一名组长和若干成员组成。

169. 什么情况可以终止现场鉴定

（1）申请人不到场的。

（2）需鉴定的地块已不具备鉴定条件的。

（3）因人为因素使鉴定无法开展的。

170. 对农作物种子质量纠纷田间现场鉴定书有异议时怎么办

应当在收到鉴定书 15 日内向原受理单位上一级种子管理机构提出再次鉴定申请，并说明理由。再次鉴定申请只能提起一次。当事人双方共同提出鉴定申请的，再次鉴定申请由双方共同提出。当事人一方单独提出鉴定申请的，另一方当事人不得提出再次鉴定申请。上一级种子管理机构对原鉴定的依据、方法、过程等进行审查，认为有必要和可能重新鉴定的，应当按规定重新组织专家鉴定。

171. 在什么情况下，种子质量纠纷田间现场鉴定书无效

在下列情况下，种子质量纠纷田间现场鉴定书无效：

（1）专家组的组成不符合《农作物种子质量纠纷田间现场鉴定办法》规定的。

（2）专家鉴定组成员收受当事人财物或者其他利益弄虚作假的。

（3）违法鉴定程序，可能影响现场鉴定客观、公正的。

现场鉴定无效，由负责组织鉴定的种子管理机构重新组织鉴定。

172. 种子下地前发现所购种子存在质量问题的，应该怎么办

应马上找销售种子的经销商进行协商，退种或换种，如经销商不同意退换，应立即到当地的种子管理机构进行投诉。

173. 为什么大量购种时双方应共同封存种子样品

大量购种时双方共同扦取并封存样品，以备万一出现种子质量问题，用做备查样品和索赔的证据。

174. 农民朋友预防种子质量纠纷应注意哪些问题

（1）要选择经营信誉良好、具有赔偿能力的经营者购买种子。不要贪图便宜到没有经营资格的流动种子商贩处去购买种子。

（2）购种时一定要向售种者索要销售凭证，以作为买卖关系存在的凭证，并加以妥善保管。销售凭证要写明具体的品种和数量，有特殊要求的应当在销售凭证中注明。

（3）要保留种子包装袋，最好留有未种植完的样品，在购种数量比较多的情况下，最好留有未开袋的样品种。

（4）因种子质量而造成的损失后，及时与经营者联系，协商请求赔偿事宜。

（5）应及时到当地种子管理部门申请田间现场鉴定。

175. 可得利益损失如何计算

双方有约定的，从其约定；没有约定或者约定不明确的，可以按照该农作物使用者所在乡镇前三年的平均产量减去实际产量，并比照相同品种当年产地收购价计算；无法确定前三年平均产量的，可以按照该农作物使用者所在乡镇当年单位面积的平均产量减去实际产量，并比照相同品种当年产地收购价计算。

176. 农民个人自行繁育的种子是否可以出售、串换

农民个人自繁剩余的常规种子可以在居住地或居住地附近的集贸市场出售或串换，不需办理任何手续，但在出售剩余种子时应当向购买方出具种子销售证明，证明应当注明品种名称、产地、生产日期、数量、价格以及出售者的姓名、住址和联系电话；种子数量不能超过其承包地所需该品种的用种量；出售和串换的剩余种子必须保证质量，如因种子质量造成损失的，应当依法予以赔偿。

177. 经营单位可否以"示范（试验）"名义销售未审定品种种子

如果经营者提供的试验示范用种是有偿的，存在买卖关系，则属于销售行为，应当按"未审先推"行为进行处理。

八、农作物常见的病虫害与防治

178. 玉米地使用了除草剂，为什么附近的西瓜地却受到了药害

使用2，4—D丁酯或含有2，4—D丁酯复配制剂的除草剂由于其挥发性很强，在喷洒时其形成的微小雾滴可直接随风飘移1 000米远。这种除草剂多用于玉米大田除草，但一旦随风飘移后会使其周围种植的葡萄或瓜果等农作物受害，连个别的柳树叶都会产生药害。造成其生长发育停滞、茎叶畸形，农作物大面积减产甚至绝产。但2，4—D丁酯对玉米地里的杂草除草效果特别好，所以很多农民都在使用。因此，农民朋友在喷洒2，4—D丁酯除草剂时应选择无风晴天，避免高温施药。

179. 玉米"抽薹"及"甩鞭"的原因是什么，如何补救

近年来，玉米"抽薹"及"甩鞭"的现象在某些品种及不同地域发病较为严重。症状一般表现为出苗后叶片不能伸展、扭曲、抽薹、成株弯曲呈牛鞭状，雄穗无法抽出。这种病害发生与外部环境造成的生理损伤有关。一是低温冷害造成的芽鞘损伤，造成整株叶片无法展开，小苗扭曲。二是风力造成的叶片损伤而引起叶舌不能生长，木栓化；三是除草剂造成的药害。由于这种生理损伤与品种抗性、生长时期密切相关，因此这种病害的发生在品种、地域、年际间波动较大。

补救方法：由于芽鞘、叶片的损伤不能生长，生长点并未受到破坏。因此，小苗间苗时剔除病苗、病株。大苗抽薹状去掉主株留分蘖株。成株甩鞭扒开受损叶片，露出雄穗。

180. 什么是玉米丝黑穗病？如何防治

玉米丝黑穗病又称乌米、哑玉米，是玉米重要的种传、土传病害，主要发生在东北春玉米区。主要侵害玉米的雌穗和雄穗。一般在出穗后显露症状，对玉米产量影响极大。

生产上预防丝黑穗病采取的主要措施：一是选择抗病品种。在该病多发区，选择抗病品种是最根本、最经济的预防措施。二是控制菌源数量。玉米丝黑穗病的病原菌在土壤、粪肥或种子上越冬，成为第二年初浸染源。应避免连作，不用未经过充分腐熟的粪肥，拔除病苗或病株，秋季及时清理秸秆、灭茬深耕等都可以降低菌源数量，减少浸染。三是加强栽培管理，促早出苗。玉米播种后，从种子开始萌动至 5 叶期，都能受病菌浸染而发病，但以 3 叶期前特别是幼芽期浸染率最高。所以一般玉米出苗快，则易感期短，发病就轻。应根据当年的土壤温、湿度情况，适期播种，适当掌握播种深度，争取早出苗、快出苗。四是药剂防治。对玉米种子进行药剂包衣是目前预防玉米丝黑穗病最有效的措施之一。目前生产中应用的包衣剂除含杀菌剂外，一般都加有杀虫剂及其他营养成分，所以在防病的同时还可以防虫、增加保苗率、促进植株生长，但要注意选择合适的种子包衣剂。

181. 玉米出现"黄脚"现象的主要原因是什么

（1）玉米发育后期出现"黄脚"，是由于缺氮脱肥引起的。缺氮后会使植株叶片生理功能衰退，直至枯死，造成穗小粒薄，米质差。

（2）由于年季间雨水过大，土壤肥料养分流失严重，凡是没有追肥的地块都会出现不同程度的"黄脚"现象。

防止"黄脚"出现的最好办法是：在玉米大喇叭口期追肥，保证土壤中的肥力水平，一般每 667 平方米追施尿素 25～30 千克，并且覆土 10 厘米，以防肥料流失。这样，就能有效防止玉米"黄脚"现象的发生。

182. 为什么玉米会"秃尖"

"秃尖"是指玉米果穗顶部不结实现象。发生"秃尖"的主要原因是：

（1）顶部小花在分化过程中出现干旱或缺肥等不利因素而退化为不育。

（2）抽雄前遇到高温、干旱、抽穗散粉提早，顶部花丝生长延迟，接受不到新鲜花粉而无法授粉，从而无法正常结实。

（3）因过度密植而造成硬粒型品种"秃尖"严重。

在干旱年份应创造条件灌溉，可防止玉米"秃尖"。

另外，剪短花丝，只留 1.5～2 厘米花丝，使花丝呈"馒头状"或"马蹄状"，前短后长有利于授粉，可减少"秃尖"。

183. 如何防治玉米粗缩病

（1）调整播种期，使幼苗期避开蚜虫迁飞的高峰期。

（2）适当增加播种量，早铲蹚，晚定苗，重发区可在 6～7 叶后再定苗。

（3）苗期及时拔除发病植株，消除病害的田间传播。

184. 如何防治地下害虫（蝼蛄、蛴螬和地老虎）

（1）种子包衣或药剂拌种　可用 40%辛硫磷乳油以种子重量 0.33%进行拌种。

（2）撒施毒土　用 50%辛硫磷乳油以药土比 1∶200 拌细土，每公顷撒施 450～500 千克药土，播种时撒于行中，或在作物根旁开沟撒入药土，随即覆土。

（3）秋后深翻土地，压低越冬幼虫基数。

（4）诱杀成虫　a. 于成虫盛发期可用黑光灯进行诱杀；b. 放置糖醋酒盆可诱杀地老虎的成虫；c. 用炒香的麦麸、豆饼诱杀蝼蛄。

185. 如何防治地上害虫（玉米螟、黏虫和蚜虫）

（1）玉米螟　在大喇叭口期使用呋喃丹颗粒撒施玉米芯中，如玉米面积较大的地块可用细河沙拌辛硫磷水剂撒施玉米田中或每公顷释放赤眼蜂 22.6 万～30 万头，分两次释放。

（2）黏虫　每公顷用 50%辛硫磷乳油 1 500 倍液喷雾，或 20%速灭杀丁乳油 1 500～2 000 倍液喷雾，或利用黑光灯和糖醋液诱集并杀灭成虫。

（3）蚜虫　治蚜必须及时，尤其是在苗期，可用 50%抗蚜威可湿性粉剂 3 000~5 000 倍液喷雾。

186. 玉米"糊巴"叶子是怎么回事，如何防治

农民朋友通常所说的"糊巴"叶子是由于叶斑病造成的，一般玉米出蓼以后底部叶片或叶鞘出现病斑，随温度和田间湿度的增加病斑逐步向上扩展，有的感病品种叶片整株枯死，影响植株的光合作用，造成子粒灌浆不足，严重影响产量，最高减产可达10%~20%。

造成玉米叶斑病严重的原因：主要是夏季雨水较多，高温，田间湿度大，有利于病菌浸染玉米植株，造成叶斑病大面积发生。

（1）选择抗病品种。

（2）及时清理田间病株及病叶，切断病菌传染源，减少传染机会。

（3）适当减小种植密度，通风透光，降低田间湿度。

187. 玉米蚜虫是怎样为害玉米造成减产的

玉米蚜虫（也叫"蜜虫"或"腻虫"）主要聚集在雄穗和雌穗上刺吸汁液，蚜虫的分泌物粘住花粉，造成花粉量减少或不散粉，花期不遇或花丝枯死，最终导致小穗、瘪粒、空秆，严重减产，所以要特别重视玉米蚜虫对玉米产量造成的影响，应当及时进行药剂防治。

188. 种植的玉米品种倒伏，其主要原因是什么

玉米倒伏可分为茎倒伏、根倒伏和茎倒折 3 种，但不论何种倒伏都会对产量造成不同程度的影响。购种时要选择适宜当地种植且抗倒伏的玉米品种。造成倒伏的主要原因：一是施肥、灌水不合理。如氮、磷、钾三要素配合不当，机械组织发育不好，苗期受涝，拔节前后肥水攻得过急或中后期灌水后遇大风等。二是密度过高，光照不足。叶片光合作用受到抑制，营养物质合成减弱，细胞伸长，植株高而细弱，节间长，机械组织不发达。三是田间管理不当。如中期培土不及时，耕翻质量差，以至根系发育

不良；或者因耕翻过深，土壤被雨水浸泡松软等。四是病虫侵害。玉米螟幼虫蛀蚀茎秆造成孔洞，茎腐病侵害茎秆等。

189. 玉米产生药害，主要有哪些症状

一是斑点。主要发生在叶片上，有时也在茎秆上。常见的有褐斑、黄斑、枯斑、网斑等。在植株上分布没有规律性，整个地块发生有轻有重。大小、形状变化大。

二是黄化。可发生在植株茎叶部位，以叶片黄化发生较多。引起黄化的主要原因是农药阻碍了叶绿素的正常光合作用。轻度发生表现为叶片发黄，重度发生表现为全株发黄。药害引起的黄化由黄叶变成枯叶，晴天多时，黄化产生快；阴雨天多，黄化产生慢。

三是畸形。由药害引起的畸形可发生于作物茎叶和根部，常见的有卷叶、丛生、肿根、畸形穗等。药害畸形发生普遍，植株上表现局部症状。

四是枯萎。药害枯萎往往整株表现症状，大多由除草剂引起。没有发病中心，且大多发生过程较迟缓，先黄化，后死苗，根茎输导组织无褐变。

五是生长停滞。药害抑制正常生长，使植株生长缓慢，除草剂药害一般均有此现象，只是多少不同而已。

190. 玉米缺锌，会出现哪些症状

玉米是对锌较敏感的作物之一，玉米缺锌症主要表现在花白苗。出苗1周后即可发生，大面积发生多在3~4片叶期。出苗初期，幼苗发红，叶片褪色或变白。新生的幼叶呈淡黄色或变白，幼苗老龄叶出现细小白色斑点，最后整片发白。典型症状是老龄叶沿叶脉平行地出现白色条带，未失绿部分与失绿部分界线明显。这种条带从叶舌处一直平行延伸到叶尖。严重时叶片变紫干枯。缺锌玉米节间缩短。中后期缺锌，雌穗不能伸出，抽丝期和抽雄期推迟，果穗缺粒秃顶。

防治方法：每667平方米用硫酸锌1~1.5千克，均匀地拌入

适量细土，施入土中即可。也可用 0.1%～0.2%硫酸锌溶液 5～7 天喷 1 次，连喷 2～3 次，每次每 667 平方米喷施 50 千克肥液。

191. 玉米茎腐病发生的根源是什么

玉米茎腐病，也叫茎基腐病，是指在玉米茎或茎基部腐烂，并导致全株迅速枯死症状的一类病害。它既是由多种病原菌单独或复合浸染的土传病害，又是以土壤带菌、浸染主根部为主的系统性浸染病害。通常当玉米进入乳熟期，植株开始衰老抗病性降低，病原菌才开始向茎基部发展，此时遇到适合的气候条件，降雨并且雨后暴晴，就会迅速发病。玉米连作地，土壤中病原菌积累数量大，发病重。地势低洼，排水不良的地块发病重。

192. 玉米茎腐病的发病特征有哪些

玉米茎腐病一般从玉米灌浆期开始发生，乳熟至蜡熟期为病症表现明显的时期。病菌自根系侵入，在植株体内蔓延扩展。病茎地上部第一、二节间有纵向扩展的褐色不规则病斑，剖茎检查，其内部组织腐解，维管束游离呈丝状，内部空松，茎秆变软易倒。多数病株初生根及次生根坏死，变成红色，须根减少。条件适宜时，病情发展迅速，地上部得不到水分，导致整株突然干死，叶片呈灰绿色，特别是雨后猛晴时，萎蔫和青枯更为明显。因此，该病也被称为青枯病。

防治玉米茎腐病应采取以种植抗病品种为主，采用适当的栽培技术为辅的综合防治措施。

193. 玉米纹枯病的症状如何

玉米纹枯病主要侵害叶鞘、茎秆和叶片，严重时引起茎腐、倒伏；也能侵害果穗以至穗粒，影响子粒充实，甚至霉烂。基部叶鞘先发病，逐渐向上部叶鞘、叶片发展。病斑水渍状，灰绿色，椭圆形，边缘有褐色晕纹，以后病斑扩大愈合呈云纹状或不规则形大病斑。空气潮湿时，病部长出稠密的白色菌丝体。菌丝集结成多个白色的小绒球，继而变成褐色的菌核，落入土中越冬。

194. 玉米缺磷的症状有哪些

玉米苗期缺磷，即使后期供给充足的磷也难以弥补早期的不良影响。苗期缺磷，根系发育差，苗期生长缓慢。5叶期后明显出现缺磷症状，叶片呈紫红色，叶尖紫色，叶缘卷曲，这是由于碳元素代谢在缺磷时受到破坏，糖分在叶中积累，形成花青素的结果。但是，叶上的这种症状也可因虫害、冷害和涝害而引起，所以要做全面分析。缺磷还使花丝抽出速度缓慢，影响授粉，并且果穗卷缩，穗行不齐，子粒不饱满，常出现秃顶现象，成熟延迟。

195. 玉米缺钾的症状有哪些

玉米缺钾时，根系发育不良，植株生长缓慢，叶色淡绿且有黄色条纹，严重时叶缘和叶尖呈现紫色，随后干枯呈灼烧状，这些现象多表现在下部老叶上，因缺钾时老叶中的钾首先转移到新器官组织中去。缺钾还使植株瘦弱，易感病，易倒折，果穗发育不良，秃顶严重，子粒中淀粉含量少，千粒重下降，造成减产。

196. 玉米"白化苗"是怎么回事

玉米白化苗是指玉米出苗以后就表现为全株白色的现象。白化苗现象和气候没有关系，和土壤养分状况也没有关系，它是一种遗传上的分离现象。控制白化苗的基因是隐性基因，多数情况下都被显性的绿色基因遮盖起来。但当田间自交机会较多时（如自交系繁殖，尤其是原原种的套袋繁殖），出现的机会就多。所以白化苗在自交系繁殖田或制种田中出现较多。在生产田中出现，是制种用的亲本不稳定所致。

白化苗因不能形成叶绿素，无法进行光合作用，只能靠种子原有的那点养分来维持生长，所以一般二三十天以后就死掉了。由于白化苗表现明显，间苗时及时除掉，不会造成危害。但在单粒播种时，因间苗时无正常苗可留，就会造成缺苗，所以农民朋友在选择单粒播种时要慎重。

197. 为什么有些玉米结很多穗（娃娃穗）

一是不同品种的遗传因素。不同品种腋芽发育进程不同，有的品种在适宜条件下多个腋芽同步分化发育易形成多穗，有的品种则第一腋芽分化发育优势明显，从而抑制了下一节果穗发育进程，不会形成多穗。

二是雄花序生长受阻，促进雌穗发育。顶端雄花序形成时遭受短期的水分不足，引起5～7节上腋芽发育形成2～3个成熟的雌性花序，导致多穗的形成。

三是碳氮代谢不协调。拔节后玉米进入营养生长和生殖生长旺盛期，茎叶生长量大，雌雄穗分化形成，干物质积累较快，如果土壤肥力较高、水肥过多，会造成碳、氮代谢不协调，过多的营养物质会促使多个雌穗花序发育成熟而形成多穗。

四是密植不合理。密度过大，叶片相互遮阴，花粉不易落到雌穗上，无法正常受精结实，加之适宜的环境条件，促使下一雌穗发育成熟，形成多穗。

五是环境条件不适宜。在抽雄开花期，如果遇到阴雨寡照天气，雄穗不散粉或即使散粉但由于雌穗花丝有雨水而导致花粉粒吸水膨胀破裂死亡，无法受精，导致空穗无籽，过剩的营养物质又重新分配到下一节果穗，从而导致多穗发生。

198. 防治玉米"多穗"应采取哪些主要措施

一是因地制宜地选择优良品种。要选用在本地未发生过多穗现象的品种，避免不良条件诱发多穗现象的发生。

二是加强水肥科学管理。玉米抽雄前后需水量最大，是对水分最敏感的时期，要求土壤含水量70%～80%。如果水分欠缺，应及时灌水、保墒，以保证雌雄穗均衡发育，降低多穗的发生。根据不同品种需肥特性、种植区域、方式、时期等，确定施肥配比。

三是适时播种，合理密植。地表下15厘米地温稳定通过10℃作为适宜播种期；抢早抢墒播种，做到一次播种一次拿全苗，使抽雄散粉期错过高温多雨季节。合理密植有利于通风透气，提高光能利用率，促进个体充分发育，降低多穗的发生。

四是田间管理。加强田间管理，及时中耕除草，保持土壤疏松，发现多穗及时掰掉，保留 $1\sim2$ 个果穗，避免消耗养分，保证目标果穗养分的供应及积累。

199. 玉米"红叶"是怎么回事

玉米"红叶"出现在两个阶段。一是在苗期，表现为叶尖或叶缘褪绿，呈现暗红色。主要是地温低，土壤养分释放慢，幼苗得不到足够的氮和磷所致。所以，红叶现象多出现在寒冷的早春或低洼地。土壤严重脱肥也可能引起红叶。另一种情况是在蜡熟期，是由玉米螟为害造成。

200. 有些玉米品种苗期为什么叶片卷曲？玉米苗期有的品种为什么会产生"甩大鞭"现象

近几年，一些南方品种深受农民欢迎，种植面积比较大，特殊年份，苗期遇低温就会产生叶片卷曲，影响正常生长。这是南方品种不适应北方的气候条件所致，是生理性病害，此病害在后期一般都能恢复正常。

多数除草剂在温度较高的条件下药效较好，对作物也安全。但有些除草剂如乙草胺、2，4－D丁酯等在低温多雨时易产生药害。玉米苗期有的品种产生"甩大鞭"现象就是过量使用了主要含2，4－D丁酯成分的除草剂且遇到低温所造成的。

下篇 农民致富选项

一、忠 言 篇

201. 有没有谁都适合的好项目

选择项目一定要根据自己的具体情况而定，必须明白种植、养殖投资都有风险，保证能赚钱不赔本的项目根本不存在，否则，人人都成富翁了。起码，没有一个项目对谁都适用。由于项目有大有小，有长有短，风险有高有低，盈利水平也各不相同。所以根据地域特点、环境条件、自身优势，只能说什么样的项目在这一段时间里更适合，能最大限度地获得效益，把钱挣到手，就是你要找的好项目。

202. 有来料加工的活儿吗

目前，我们国家劳动力供给总量远大于需求总量，到处都有富余的劳动力。所以，从这个角度来说，"来料加工"的活儿根本用不着到处去找人干，当地的富余劳动力完全可以承担。如果是非要打广告到全国各地寻找富余劳动力来合作，那肯定有什么问题，起码是公司广而告之的招数。如果遇到这种在遥远的外地找合作的伙伴、提供加工活、保证回收的广告宣传，一定要保持头脑清醒，防止上当受骗。

203. 投资小见效快的项目可靠吗

如果真如广告里说的那么好，投资很少、见效巨大，只用富余劳动力就能做，又能造福于民，这么好的项目，资源、技术、劳力都不是问题，亲朋好友偷着干就行了，根本用不着到农博会这样的场面来宣传。这样的项目，稍微动脑筋就很容易判断。

204. 选项与当地资源有关系吗

俗话说，"靠山吃山，靠水吃水"。农民如果能独具慧眼，发掘自己身边特有的资源进行投资开发，往往容易成功。这个问题，是农民首先要考虑的问题。你当地有什么资源，那就是你自身的优势，大家都做就能成规模，就形成了产业，产、供、销的链条。吉林省东部的农民就应该考虑在山货资源上做文章，西部的农民应该在杂粮、杂豆方面多做文章，而中部的产粮区的农民应在种植技术、立体种植养殖上多做文章。榆树的酒和干豆腐闻名于世，就证明那里有好的原料、好的酿造方法，酒的味道就好；有好的黄豆，也有好的水源，才能做出好的豆腐来。

205. 选项一定要有兴趣吗

选择种养项目一定要考虑你的兴趣爱好，既满足了兴趣爱好，又激发你的追求和探索的积极性。你对种植感兴趣，你就舍得花力气下工夫。梨树县沈阳乡的赵东胜说："我种了20多年的地，年年比别人家多打粮食，2006年秋天的玉米价格，我1公顷能纯挣10 000元。但我真累啊！我40岁看上去像50多岁，可我一想到能多打粮食，劲头就来了。"

206. 养殖选项一定要有技术吗

农民选项要选择与自己的兴趣、特长、经历、经验能挂得上钩的项目。在确定养殖选项时，一定要对那个行当熟悉或了解，掌握一定的技术，哪怕有给别人养殖场打工的经历或自己小规模养殖的经验也好。古训就有"家称万贯，带毛的不算"，说明养殖业的风险非常大，任何一种动物的养殖都有它严格的饲养管理技术。当猪疫病季节流行时，出现大量死亡的都是中小养殖户和散养殖户，说明他们的养殖技术是欠缺的，起码是某饲养环节和免疫程序出了问题。大规模养殖场，严格按照科学饲养管理和免疫程序来做，就会大大降低损失的可能性。

207. 选项一定要看市场前景吗

看准所选项目或产品的市场前景，这是最重要的一点。有些农民征求意见，要养水耗子、要养蜗牛、要养土鳖虫、要养蝎子等，回答很简单，养啥都可以，一定要看市场需求和前景，换句话说就是你生产出的东西卖给谁。先要假设自己已经生产出了那么多产品，花些精力跑市场，看看能不能卖得出去。什么行业、什么阶层需要，最终把产品变成钱。有些产品需求面窄，一旦市场饱和，就注定了失败。在市场经济条件下，既做生产的行家，又要成为市场的行家。

208. 有需求就一定有利润吗

选定的项目要有利润。有些产品资源很多，市场也有需求，但生产成本高，利润低，忙活一阵子只赚个吆喝。有的农民在媒体上看到秸秆生产蜂窝煤项目，一台小型机器只有 1.8 万元，有点钱就能买得起机器，秸秆遍地都是，蜂窝煤小城镇用得多，这个项目很适合自己干。但要先算算账，机器要有配套设备，秸秆要收购、运输和贮存，加工要添加化工原料，销售要有很多环节，搞加工还要有流动资金。没有机器本身 10 倍以上的资金没法生产和流通，更重要的是经过那么多的环节，到底有多少利润可赚要好好算账，资源和需求都具备，可不一定有利润。

209. 价格波峰时进入有风险吗

当前最流行最赚钱的行业，也是风险最大的时候，见到别人赚钱就盲目跟风，非常容易栽跟头。2007 年 6 至 7 月份，肉食鸡价格高达每千克 10 元，每只鸡有 7～8 元的利润，农民纷纷盖鸡舍上肉食鸡养殖项目。我在广播里或者电话里，告诫农民肉食鸡养殖风险太大，数量太多，市场已经饱和，价格高是借生猪价格上升的，这个情况是暂时的。此时进入，一是鸡雏价格 7～8 元成本高。二是没有养殖经验保证不了鸡雏成活率，更谈不上获利了。三是原有的养殖户也在扩大规模，等到出栏时价格有可能会下滑。有的农民坚持上项目，结果，进入 9 月肉食鸡价格一路下滑到每千克 6 元，几乎都赔了钱。

210. 价格波谷时进入有商机吗

这个问题，我回答起来最轻松，最有说服力。2006年3至4月生猪价格低迷，最便宜时每千克只有4.5元，小猪崽100元买7个。敦化的一个小青年，征求我的意见，想大量抓猪，问我哪里更便宜些，我赞成他的想法，告诉他乾安县最便宜，他去拉了一车。等到他养的猪8月份出栏时，价格就涨到每千克7元左右，他由于购仔猪成本低赚钱了。去年鸡蛋每千克3.6元时，我的一个老朋友养蛋鸡20多年，已经有一个初具规模的养鸡场，突然决定购买一所废弃的小学扩大养殖规模，我当时怀疑他是不是头脑发热了。今年，鸡蛋价格翻了一番，事实让我不得不佩服他的判断力。由此得出结论，价格波谷时商机就在眼前。

211. 选项要投石问路吗

任何项目的选择，对刚刚进入者来说，都是一个新课题，用我的话说，就是要有个交学费的过程。首先，要有科学态度，从实际出发，不贪大求全，稳扎稳打。当你瞄准某个项目时最好适量介入，以较少的投资来了解和认识市场，等到认为有把握时，再大量投入，放手一搏。不要嫌投入太少而利润小，"船小好掉头"，即使出现失误，也有挽回的机会。

212. 对有些致富信息怎么看

对获取的信息要善于分析，没有经过实地考察和对现有用户经营情况进行了解的，千万不要轻易投资。考察时重点了解：一要看信息发布者的公司实力和信誉，最好向当地工商管理部门了解情况。二要看项目成熟度，产业各个环节渠道怎样，服务情况如何，产能情况等。三要看目前此项目的实际实施者在全省有多少，经营情况如何等。

213. 先交钱后交货的方式可靠吗

2007春天，每天都接到扶余县农民的电话，他们在某杂志上看到黑龙江省哈尔滨市的一家公司，有每公顷产2万千克的玉米种子，每公顷付420元先交钱后邮寄种子，他们把钱邮去了，结果等到地都种完了种子也没寄来，跟谁打官司都不知道。我在网上查询，结果真有这家公司，但人家是经营服装的，试着打电话问邮购种子的事宜，人家根本就和种子刮不上边，显然是有些不法分子利用这家公司的知名度在行骗。种子是特殊商品，购买时要有信誉卡、发票、检验合格证等多种保证才可以。况且，那么高产的种子还用做广告吗？所以，无论看到多么有吸引力的项目，千万不可先交钱后交货。

214. 签订合同就保险了吗

某公司种植中药材项目，签订的合同进行了公证，高价卖给农民种子，等到中药材收获时，问题就来了，说你的种植不规范了，产品又不达标了等，多种借口拒收产品，给农民造成了经济损失。所以，千万不可轻信对方的许诺，合同也不是最保险的。先要对项目有个理性判断，市场是不是有需求，特别是对高价卖种子的，更要在签订合同时留一手，以防止对方有意违约给自己带来经济损失。

215. 签订产品回收合同最容易忽视的条款是什么

与某公司或其他什么组织签订产品回收合同时，除了注意它的价格方面的要求外，更重要的是要看他的技术指标是怎么要求的，外地的要看距离有多远，运输费谁出，他的合同是否有这样的条款，你是否有完成这样要求的能力和环境条件。这条是最容易忽视的，那些骗人的种植养殖项目还真的签订合同，然后竟以你的产品某些技术指标不合格而拒绝收购。

216. 种养项目有暴利的吗

在我从事农业工作的几十年中，给我的感觉是，没有暴利的种植养殖项目。无论是种子生产、中药材生产、蔬菜瓜果生产，还是养殖畜禽或经济动物，都是微利的。只要有恒心和韧劲，肯钻研，上规模，上档次，重管理，讲效益，一般都能赚钱。所谓"行业有门道，术业有专攻"的古训，告诉我们进入哪个行业，都要有个熟悉的过程，千万不可求富心切，专门挑选看上去轻而易举就赚大钱的项目去干，越具有诱惑力的项目，往往风险也越大，种养项目是没有暴利的。大型猪场每头猪的纯利润只有20～30元，大型肉食鸡养殖场每只鸡的纯利润也只有1元左右。

217. 媒体信息需要分析吗

媒体播出某些种养项目，是从这个事件本身的新闻价值和看点播出的，而且是渲染这些项目人的创新精神，追求探索精神，对市场敏锐的洞察力，并不是播出的任何项目都可以照搬照套。所以，你盲目崇拜某某媒体，对信息确信无疑，那是认识上的误区，赔了本没人负责，哪怕是一些权威的媒体、机构，都不会为提供的信息产品担保，用通俗的话说，就是不能保证你赚钱。

218. 媒体广告能轻信吗

对现在的媒体发布广告怎么看？有一些媒体为了经济利益，只对广告发布单位的资格做初步的审查备案，而对广告发布内容审核不严格。广告是产品外表的"一件美丽衣裳"，也是人家设计的"包装袋"。在大的媒体上发布，花的钱多，但内容实质是什么，应该冷静、客观地分析把握，谨慎从事。

219. 建厂是否要考虑对环境的影响

有的农民朋友在选择项目时，对我很信任，让我帮助拿主意，要搞粮食深加工、皮革加工、建造纸厂等。我问他，你考虑环境污染问题了吗？你能上得起排污设施吗？他说："我们这儿没人管，看别人干得挺红火的。"其实，这种想法错了，不是有没有人管的问题，而是你上这些项目造成污染，破坏了生态环境，这样的项目没有生命力。我强调，我们虽然是农民，但上任何项目都要保持头脑清醒，要考虑全局，切忌只顾眼前利益。政府为什么强调可持续发展？意思就是说要有长远的发展眼光，开发与保护并重，让它发挥长久的效益，为了捕鱼就把水放干，那还有今后吗？为了我们生存的环境，每个人都有责任。

220. 加工项目有资源就能上吗

很多农民朋友想搞化工产品加工，他那有大面积的辣椒、紫色地瓜、甜叶菊，都能提取色素，问哪有这样的设备。我认为，他想干化工项目的想法本身已具备致富要求的主观条件，当地的资源又为其提供了客观条件，即使两个条件都具备，也不能甩开膀子干，这仅仅是美好的愿望。他缺的是资金、技术、生产管理、销售渠道、人员素质、信息渠道、市场位置和机会等条件，这是办企业的最基本要素。没有这些，你生产出来的产品，能保证质量吗？市场有需求吗？一定要根据自己的实际情况选择适当的致富项目。

221. 诚信与效益有必然的联系吗

在 2007 年 4 月 15 日，为央视"春暖黑土地，建设新农村"拍摄 12316 宣传片的时候，我们来到双阳区齐家镇的温室种植番茄农户家拍外景，看到这里的农民正在忙着采收番茄。主人告诉我们，他种植的番茄，最大的特点就是在种植技术上下工夫，不用化肥，全部采用农家肥，控制温度和湿度，使番茄自然成熟，口感非常好。我们迫不及待地摘下就吃，那个香甜是我 30 年前插队时记忆里保留的感觉，而且没洗吃了也没什么不适。我看到，城里上货的汽车正在装车，收购价每千克 4 元，市场上零售价能卖到 6～7 元/千克。几栋温室的番茄每年就这么坐家里卖，他诚恳地告诉我年收入 7 万多元。我感到番茄能卖到这个价格，他的秘诀就是诚信。

222. 动歪心眼赚昧心钱能长远吗

不合法的、坑人的、害人的、骗人的项目坚决不能上！别为眼前的一点利益而因小失大，害人也害己，起码，昧心钱咱们不能赚。长春市双阳区的柴玉娟，是有名的鹿大王，将生意做到香港，在那儿提起"柴姐"，人人都竖大拇哥，她成功的秘诀就是"信誉"。

223. 一家一户的生产与国际市场有关系吗

我们国家已经在 2001 年正式加入了世界贸易组织，农产品都要不同程度地进入国际市场，经受国际风浪的考验。产品生产更多的是考虑国际市场，到产品收获的季节，什么东西能卖得出去，能不能经得住国际市场的冲击，会不会造成过度积压。国外的农产品销售方面进入了集团化、网络化，他们的农产品具有价格低的优势，对我国农民来说形成了巨大的挑战。吉林省农民也从前两年种大豆赔钱到2007年秋天大豆价格暴涨的经历中感受到了国际市场变化对我国农业的冲击。我们生产的农产品的质量也直接关系到国际市场的信誉，按照无公害的标准和操作规程做十分必要，不然我们也在堵自己的路。

224. 科研成果就一定能开发利用吗

有农民朋友给我打电话咨询，说报纸上刊登了某名牌大学研究出来的科研成果，可以从废塑料中提取汽油，我们这废弃的塑料有的是，我想上这个加工项目。我告诉他，废弃的塑料遍地都是，科研成果也一定是真的，关键是你能不能掏出那么多钱？做得来吗？有市场吗？必须考虑效益问题。科研成果转让需要一大笔资金，所有厂房、设备、原料、人工、水电等都需要投入，小批量生产肯定成本高。况且，你生产的产品能达到那么高的标准吗？这种小作坊生产的汽油有人要吗？问题还不仅仅是技术问题，而是项目本身就很不容易操作。

225. 主流媒体播报的种植、养殖项目也要考察吗

每一个项目的发生发展都有一个过程，那些成功者的背后都有一段艰辛的历程，没有一个是轻而易举就成功的。他们的创造精神首先是值得学习的。其次，如果对项目感兴趣，或者要加盟，那么除了要实地考察他们的场地、技术、环境、人员外，还要了解他的执业资格、经营许可和专利产品证明等方面的具体要求和相应的批准手续。

226. 搞调查有技巧吗

你要想了解项目单位的真实状况，有时候应该动一些心思，要利用一些调查的技巧和方法。勤快的人、有心眼儿的人，总能获得更多的信息。对于要养貂、狐、貉，又对貂、狐、貉一无所

知的农民，我就让他到吉林省的大安市去住上几天，从养殖户那里了解和识别貂、狐、貉好坏的关键在哪。

227. 保证回收就不用看市场需求吗

现在，农民无论想上什么种植养殖项目，首先想到的是能否回收产品，这说明上项目之前他们已经注重了产品的销路问题。即使保证回收产品，也还要了解市场上销售情况。其实，你从一开始就应该考虑，无论项目单位如何承诺回收产品，都不如自己去把握市场。他回收的价格合不合理？我的距离能不能够得上？运输成本是多少？千万别认为凡是回收的都上门，生意人可不是不计成本的傻瓜。再说，回收单位本身也处在市场的波涛之中，如果他的企业倒闭了，是不是你自己也就没路了？所以，选择项目，首先要认真地进行市场调查，了解产品市场需求。

228. 选项前应有什么样的思想准备

农民咨询项目时，很多人首先问的是，这个项目好种或者好养吗？难不难？其实，这暴露了你思想上准备不足。在我看来，任何种养项目在不同人的管理和不同的工作态度下，其结果是截然不同的。传统的养猪项目，细心的人像伺候孩子一样，精心饲养管理，在防病治病上下工夫，保证成活率，成本就降低了。五味子的栽培说道很多，不懂得鉴别苗的好坏，不掌握关键技术，也不考虑你所处地域是否适合，拿过来就栽那还能结果吗？五味子的价格再高对于你来讲又有什么意义？所以，只有简单的人，没有简单的事，无论考虑上什么项目，都要有足够的吃苦受累和经受困难的思想准备，胸有成竹才能成就事业。

229. 看准的项目第一步怎么走

任何成熟的项目，即使别人已经做成功了，当你介入时也要大胆地去实践，别人的做法可以学习和借鉴，但经验是自己干出来的，不是别人教出来的。我认为，什么项目都有个渐进的过程。一开始你应该小试牛刀，规模也不搞很大，初始阶段投入成本可能很高，技术又不熟悉，承担的风险比较大，不可能一下子产生多大的效益。但在初始阶段你可以摸索经验，逐渐掌握技术诀窍，了解一些市场信息情况，掌握合适的发展机会，才能稳操胜券。

230. 对自己要有个正确的估计吗

无论别人怎么上项目，干得多么轰轰烈烈，你都要对自己有个正确的估计。你的资金、技术、环境条件适合干什么，心中一定要有数。有的农民，手里只有万八千的，在没有任何技术，做什么都不具备条件的情况下，问我他做什么能尽快富起来。我认为在输不起的情况下，不如先到阳光办接受岗位培训，拿到一个职业资格证后去城里或者别的行业打打工，一方面见识一下外面的世界，另一方面通过那个岗位学点技能，积累一定资本后再琢磨上点什么项目。

231. 什么是"阳光工程"

"阳光工程"是由农业部、财政部、劳动和社会保障部、教育部和建设部共同组织实施的"农村劳动力转移培训阳光工程"，对志愿转移到加工业、服务业和城镇就业的农民，由国家财政予以适当补贴，在输出地开展转岗就业前的短期技能培训。培训的时间一般为 15～90 天，当前的重点是家政服务、餐饮、酒店、保健、建筑、制造等用工量大的行业职业技能培训。由县级"阳光工程"办公室向当地农民公布培训单位名称、培训任务、培训专业和时间、收费标准、就业去向等内容。掌握技能后农村劳动力向其他行业合理有序地流动。

232. 阳光工程培训能成才吗

双辽市玻璃山乡的高凤娟，年龄已过不惑之年，一个"阳光工程"培训基地花都美容美发学校招生的电视广告给她提供了机遇，她走了进去。当了解美容美发是一项涵盖物理、化学知识，美学、美术知识，立体造型知识，人体解剖知识，社会学、心理学等知识的综合性技能，是一项美学工程，她都有点懵了。但她不认输，有韧劲，从理论到实践，从辅助性工作到实质性操作步骤，从不含糊，每天学习 15 个多小时，成为学校最勤奋的学员。两个月后，学习结束留在了学校，一边工作，一边继续深造，每个月千元收入。没多久，负责人建议她另立炉灶，开店创业，这就是阳光工程培训的初衷。

233. 自主创业一定要有技能吗

高凤娟在济南亲友的建议下，经过考察和深入的可行性探索，于 2004 年 11 月中旬，举家迁徙到山东济南，开始了新的创业生活。临街租了一间 10 平方米商用房，开了属于自己的第一个美容美发店，靠的是守法经营，优质服务，诚信待客，终于赢得了广大顾客的信任与青睐，生意逐渐红火起来。开业不到一年，完成了原始积累，开办了经营面积 200 平方米的美容美发厅，安排员工 56 人。还办起了济南"丑小鸭美容美发学校"。她靠技能收获了创业的成功。她还是靠技能，无私帮助农民工和弱势群体，扶危济困，努力去回报社会。

234. 有了技能在家也能用得上吗

家住双辽市茂林镇二龙埔村的齐继林，全家 6 口人，家中仅有 1.5 公顷地，一年下来没有多少收入。偶然机会了解到"阳光工程就是为农村劳动力提供转移培训，让农民学到技术，从土地上转移出来，是发家致富的工程"。他参加了农用车驾驶员培训班的学习，经过 40 天的学习，学到了驾驶技术，考取了农用车驾驶证。从朋友那儿赊来一台农用运输车，又从亲属那儿借了点钱作本钱，开始做收购杂粮的买卖，每天收入都在 100 元左右，早出晚归，诚信经营，不到 3 个月的时间就还清了车款。齐继林逢人就说阳光工程是富民工程，改变了他的生活。现在，他每月都能收入 2 000 多元，并有了一点积蓄，小日子过得殷实。

235. 进城就业的防身武器是什么

农民朋友进城就业，会遇到很多意想不到的困难。但在走出去之前要做好务工准备、职业培训，进城后弄清务工求职、签订劳动合同、争取劳动报酬、劳动安全、工伤保险、社会保险、劳动争议等方面内容。

236. 出国劳务应注意什么问题

当今,出国劳务已成为青年农民朋友发洋财的梦想,如果渠道畅通应该说是条出路。我经常接到农民的电话,咨询已经给中介公司交了数万元,但始终没有消息,我估计他很可能被非法黑中介骗了。这里提醒要出国的农民朋友,一定要特别慎重,在寻求出国门路前多长两个心眼,先要到当地劳动管理部门咨询,了解出国劳务中介公司的合法性,这个公司是否得到省劳动和社会保障厅的认定,并要求公司出示商务部颁发的《中华人民共和国对外经营资格证书》复印件和公司与国外雇主签订的《对外劳务合作合同》,谨防"黑中介"给出国劳务农民带来的伤害。在出国前还应该多了解一些出国劳务政策和法律知识,增强自我保护意识。

二、种 植 篇

237. 种植玉米的经济效益如何

吉林省是世界著名的黄金玉米带之一。吉林省玉米人均占有量、商品量、出口量连续多年居全国首位。随着玉米深加工技术不断深入研究,玉米已经由资源优势变成了经济优势。在政策引导和市场集聚的作用下,吉林省农民绝大多数首选种植玉米。按2006年市场价格每千克1.00元计算,每公顷产量在 10 000~15 000千克,品种选得好,土壤条件好,掌握种植技术的农民有纯收入 10 000 元的,平平常常的一般收入也在7 000元左右。

238. 吉林省玉米深加工企业有哪些优势

吉林省依托玉米资源优势、产业基础和区位条件,引导并推动玉米深加工企业和生产要素向中部的长春、四平、松原集聚,逐步形成以中部为核心,辐射东部和西部的玉米加工业格局。目前,吉林省玉米加工企业已发展到 500 多家,这些企业的产品技术含量高，采用了不少国际先进技术，初步形成了一个高精尖的产业集群。长春大成集团2006年投产的年加工225万吨玉米、生产100万吨化工醇和100万吨差别化聚酯项目，技术水平高。生产1吨化工醇只需1吨淀粉，消耗玉米1.42吨，玉米化工产品的成本只相当于石化产品的一半。

239. 玉米都有什么用途

你能想象出来玉米和你穿的衣服有什么联系吗？现在长春大成集团就能将玉米加工成纤维，制作成服装。近几年，吉林省玉米深加工企业加工的产品逐步由淀粉、乙醇等初加工产品向发酵、精细化工产品过渡，加工的品种已达到200多种。从普通淀粉，到工艺复杂的多元醇、乳酸菌、合成纤维、工程塑料等，这些产品被广泛用于食品、医药、纺织、汽车、电子等领域。用通俗的话说，玉米的用途完全转变为工业原料，加工水平越高，技术越成熟，产业链条越长，玉米身价也随之不断提高。

240. 影响玉米价格的因素有哪些

农民同样的付出，得到的回报却不一样，主要体现在玉米销售价格上，尤其有些产粮大县玉米价格明显偏低，分析原因：一是选择品种生育期偏长。二是农民认识上有误区，有些年份加工企业收购高水分玉米，就认为同样的玉米水分高的划算。但2006年由于新玉米开秤价格高，农民对价格期望值过高，有很多高水分玉米价格明显偏低，农民不认可没卖，留到春节过后因保管不善，而发生霉变，这样的玉米每千克少卖0.1～0.2元。三是选择品种只注重产量，不注重玉米商品性。其实从粮食流通环节看，容重重的、颜色金黄的、硬粒的角质玉米卖价最高。

241. 玉米高产的因素是什么

玉米高产的因素，概括地说就是瞄准在玉米科技创新上。在品种选择上，严格按照当地气候条件，有较强的目的性，了解终端市场需求。种植技术上要寻求突破，采用玉米高产模式化栽培技术、玉米大垄双行种植、测土配方施肥技术、全程机械化栽培和旱作节水技术等。

242. 为什么玉米品种要专用化

这是由于玉米的多种用途决定的,从农民口粮到畜禽饲料,再到工业用原料,玉米作为农民的"铁杆庄稼",如今已经赋予了新的内涵,被纳入工业化生产链条当中,玉米成为商品,面对大市场,品种必须专用化。加工企业需要的是符合终端产品的原料,如高油、高淀粉、高赖氨酸玉米等。甚至某些加工企业,针对自己产品的特点,对玉米品种都有具体要求,长春大成集团认定了4个品种玉米挂牌收购。如果搞小杂粮贸易,高蛋白玉米加工出的玉米碴和玉米面味道就好多了。"双飙薪"牌高筋玉米特强粉已经能够生产出面条、饺子、面包、饼干等,价格上玉米面比小麦粉还贵。当然这些都需要专用玉米品种。

243. 什么是特用玉米

特殊用途的玉米叫特用玉米,如甜玉米、爆裂玉米、糯玉米、笋玉米、高油玉米、高蛋白玉米、高淀粉玉米、饲料玉米等,这些种类在吉林省已有多年的种植历史。

244. 什么是水果玉米

所谓水果玉米,其实就是甜玉米的一个种类,只是口感比普通的甜玉米要好一些,直接可以生食,煮着吃味道更鲜美。南方历史上就有鲜食甜玉米的习惯,北京的超市里,保鲜的水果玉米果穗每千克4元,销售非常好。在吉林省的市场上很少见。

245. 甜玉米适合吉林省种植吗

甜玉米与普通玉米在栽培技术上差别不大,主要在产品生产和销售方面要求非常严格。目前,在吉林省产销方面有以下几种模式:

(1)农户可以为罐头加工企业生产原料 距离罐头加工企业较近的农户,可以在种植前与罐头加工企业联系,签订合同,按合同生产。

(2)直接供应市场 靠近城区的农民可直接与市场批发大户

联系，签订合同，以销定产，按每天的销售量安排种植，避免集中上市造成经济损失。

（3）在种植技术上做文章 采取纸筒育苗，大田移栽或地膜覆盖技术，可抢在6月中旬上市。为了延长上市时间，在生产上可采用分期播种或早、中、晚熟品种搭配种植。不论采取哪种方法，只要种植的甜玉米能够按时采收和销售出去，一般比普通玉米增加收入20%～30%。

246. 吉林省糯玉米的种植加工能形成产业吗

目前，吉林省糯玉米种植加工已经形成产业，除了天景集团外，搞糯玉米果穗加工的中、小企业达200多家。面对大市场，农民与企业结成"利益联合体"，形成了新型经济组织。永丰冷冻厂是蛟河市农村合作经济组织协会的招商企业，专门从事糯玉米果穗加工，糯玉米果穗经过扒皮、蒸煮、速冻、包装、冷藏，然后销往市场，年加工能力5 000吨。通过当地的糯玉米专业合作社，加工厂与1 500户农民签下订单，订单面积达230公顷。有了订单，农民的市场风险降到了零。吉林省很多乡镇都有糯玉米果穗加工企业，吸纳了大量的劳动力，也活跃了农村经济。

247. 爆裂玉米效益高吗

爆裂玉米是一种专门用于爆制玉米花的玉米类型，加温后可自然爆裂成玉米花，香脆可口。目前，吉林省农民种植爆裂玉米的面积不小，专门从事爆裂玉米营销的大户也将爆裂玉米生意做到国际市场。现在许多大、中城市的商场和街面都有爆裂玉米花加工的摊点，投入3 000多元的设备和流动资金，就可以加工爆裂玉米花。

248. 养殖户适合种植哪种玉米

青饲玉米，又叫饲料玉米，是专门用于生产青贮饲料的玉米。这种玉米植株高大，茎叶产量高，品质好，乳熟后期茎穗一起收获、粉碎、入窖青贮，每亩（667平方米）可产饲料4 000～5 000千克，适于喂奶牛、羊等家畜。玉米粮饲兼用品种，成熟时茎叶仍然青绿，且汁液丰富，子粒产量也高，既可在高密度下生产青饲料，又可在正常密度下生产粮食，同时收获青饲料。

249. 笋玉米种植有何限制条件

笋玉米是一种多穗型玉米，笋玉米的用途是采摘玉米的幼嫩雌穗做菜或加工玉米笋罐头。笋玉米是近年国际市场上售价较高的高档蔬菜，营养丰富，味道鲜美。优良的笋玉米每亩（667 平方米）可收玉米笋 1.5 万支左右，卖鲜果约 20 支为 1 千克，每千克价格 8 元左右，每亩（667 平方米）销售收入 6 000 元。加工成罐头销售收入更高，每罐价格 5～6 元。笋玉米是劳动密集型的种植项目，加工采摘都需要大量的劳动力，适合地少人多的农户种植。如果附近没有加工企业最好别种，鲜玉米笋保管时间很短。

250. 黄豆是怎样变"金豆"的

我们吉林省地处松辽平原，盛产黄豆，仅次于黑龙江，在全国也是闻名的。近些年，受进口大豆的冲击，价格一降再降，农民种黄豆似乎不赚钱，可敦化市雁鸣湖镇却把黄豆变成了"金豆"。该镇地处高寒山区，昼夜温差大，气候冷凉湿润，特殊的地理位置，孕育了特殊的地理环境，这里种植的黄豆品质非常好，种植的小粒豆和大粒豆全部出口到日本、韩国等国家，一个人口不足 1 万人的小镇，每年出口创汇达 7 000 多万元，硬是把黄豆变成了"金豆"。

251. 标准化种植能带来什么好处

对日本出口使雁鸣湖镇成为黄豆的"故乡"，标准化生产又为这里赢得了国际市场的更大份额。由省农科院的专家进行培训，对农户统一发放种子、统一管理、统一收购，贸易企业与日本签订长期合作合同，根据市场需求，搞订单生产，农民没有风险。1999 年，雁鸣湖镇被国家确定为"国家优质小粒黄豆生产基地"，当年出口量占全国小粒黄豆产量的 65％。随着小粒黄豆种植标准的提高，品质也在提高，市场进一步拓展，出口迅速扩大到韩国、欧洲等国家和地区。

252. 深加工能使小粒黄豆资源变财富吗

日本进口小粒黄豆主要是用来加工纳豆，纳豆是日本人非常喜欢的食品之一。在日本用做生产纳豆的小粒黄豆每年要消耗掉30万吨，如果将原料变成产品，无疑提高了农产品的附加值，加大独特资源的利用空间。雁鸣湖镇与日本合作建厂，生产以小粒黄豆和有机大豆为主要原料的各种产品，销往国内外市场，改变单一原料出口，真正实现资源变财富。

253. 苗木生产能形成产业化吗

吉林省九台市的波泥河镇是个苗木种植专业镇，得天独厚的条件是山地多，耕地少，山林面积达11 850公顷。全镇苗木花卉已发展到八大类180多个品种，种植面积达到3 000公顷，从事苗木花卉生产经营户达7 000多户，占全镇总户数的70％以上，年销售收入4 000多万元，仅此一项全镇人均增收1 000多元。产品主要销往东北三省及山东、河北、内蒙古等地，成为东北最大的苗木花卉集散地，被国家特色产业之乡组委会命名为"中国北方苗木花卉之乡"。波泥河镇的绿化企业取得了城市园林绿化施工国家二级资质资格，标志着波泥河镇苗木花卉产业走向多元化、专业化，真正将苗木花卉产业做大做强。

254. 切花生产前景怎样

九台市卡伦镇郊有个切花园区，位于吉长公路西侧，占地面积15公顷。最初在庭院种植，后来在农民技术员赵雨迟的带动下，走向温室、大棚和田间露地种植，由粮农变成了花农。每个大棚面积在50～100平方米，由花农自己育苗栽培。鲜切花的品种主要有：百合、菊花、剑兰等，销往长春市花卉市场以及诸多鲜花店，每枝鲜切花按品种不同，一般售价在0.3～0.5元之间，百合刚上市时每枝可达2～3元，每亩（667平方米）土地面积可收入2万元左右。同时鲜切花卖完后，大棚还可以种植一茬蔬菜，也可收入3 000多元。

255. 市场紧缺的苗木有哪些

现在大规格苗木市场紧缺，由于城市经济建设的飞速发展，对绿化环境要求越来越高，大规格苗木需求量大幅度提高。由于大规格苗木生产周期长，苗木种植者为尽快见效益，很少去种植，往往造成供不应求。市场需求一般大乔木直径达到8～16厘米，中乔木直径达到5～8厘米，小乔木直径达到2.5～4厘米。如果育苗面积较大，可有计划地种植一定面积的大规格苗木，其余种植灌木和地被植物，长短结合，以短养长。桦甸市八道河子镇发展苗木生产已经有多年的历史，2006年全镇共有900户进行苗木生产，主要生产红松、落叶松、云杉、杨、柳、油条、刺槐等苗木，人均苗木生产收入2 276元，占农民人均收入的52.4％。苗木生产已经成为这个镇的主导产业。

256. 造型苗木效益怎样

在南方，造型苗已不是新鲜事物，但北方还处于起步阶段。2007年，1米高的小叶丁香、榆叶梅售价为每株8元，而修剪造型的球形小叶丁香和带干球形榆叶梅，每株售价达到20元，丹东桧柏已经是淘汰品种，很多苗圃都砍掉了，但经过修剪造型后，2007年卖到了每株200元，可见整形修剪的重要性。因此，建议苗木经营者发展一些造型苗木，肯定会有好的效益。

257. 市场需求灌木品种有哪些

随着园林绿化向美化和香化发展，花灌木需求量逐渐增大，并且呈现多品种、丰富多彩的需求态势，如花色鲜艳、花期长、花形奇异的好品种；株型丰满、紧凑，叶色和叶形奇特的品种；观果灌木等。今后市场将看好的品种有：木绣球、榆叶梅、四季锦带、红王子锦带、耐寒月季、红梅瑰、黄刺梅、丁香、连翘等。由于前2年花灌木价格走低，许多人放弃种植，导致2～3年生花灌木存量不足，有些品种甚至断档，今年花灌木价格从原来的每株2～3元涨到5～6元。

258. 彩色树受欢迎吗

市场上走俏的仍然是乡土彩色树种，如茶条槭、白牛槭、拧筋槭、色木槭、假色槭、卫茅、黄檗、红瑞山茱萸等。引进的彩色树适应性强，抗寒性好，市场前景看好的有：紫叶稠李、金叶榆、俄罗斯红叶李、金叶红瑞木、王族海棠、金叶风箱果等。彩色树受气候、温度、湿度的变化影响呈现季相变化，如前面提到的乡土树种。还有一些彩色树种整个生长季节都呈现出彩色，如金叶榆、王族海棠、金叶红瑞木、俄罗斯红叶李等。彩色树种绿化工程用大苗紧俏，价格较高，是相同规格普通苗木的2～3倍，一株直径4厘米的垂榆售价40元钱，而一株直径4厘米的金叶榆可卖到80～120元。

259. 果树可以成为城市绿化的树种吗

在园林绿化中讲究适地适种。从近年城市发展看，引进果树种植逐年增多，果树逐渐成为城市绿化的新宠，而且需求一再加大。种果树可谓一举两得，既可以观赏花，又可以收获果实。果树虽然比花灌木和地被植物种植周期长，但价格较高，对有种植经验的农民来说应该是一种不错的选择。

260. 容器花卉苗木能成为市场新宠吗

城市环境绿化和楼堂馆所的室内外点缀，对苗木的整体效果、成活率和多样性要求越来越高。容器苗木具有栽植不受季节限制、满足个性创意、整体效果好、成活率高等优点，目前花卉容器苗已经被广泛应用。地被植物和大规格苗木的容器苗刚刚兴起，尚无批量供应市场。容器苗木市场的空缺，注定了谁抢先，谁就能够先得益，如一株金山绣线菊容器苗售价1～1.5元，而相同规格的裸根苗只能卖到0.4～0.6元，价格相差比较大。反季节栽植成活率低的品种市场前景更好，如枫树、北美海棠等。

261. 五味子种植的必要条件是什么

五味子栽培技术比较复杂，对环境条件要求也比较严格，栽培的必要条件是：所处的地区是五味子的地道产区，周边山林中要有野生五味子资源分布；森林覆盖率较高，周围有水源，满足五味子生长所需要的小气候环境；生长期没有严重晚霜和冰雹危害的小区环境；另外庭院小面积的发展，在村屯中形成产业化规模，其产品的销售构成市场优势才利于五味子的发展。吉林省中部产粮区和西部风沙盐碱地区缺乏五味子生长的环境条件，不适合发展五味子产业。

262. 五味子种植存在的主要风险是什么

一是技术不成熟给农民带来种植不成功的风险。五味子长期以来在野生条件下生长，栽培驯化的年限较短，很多技术环节还没有真正地摸清楚，由于技术掌握得不好，时常有栽培失败的情况发生，给农民朋友带来很大的经济损失。二是缺少宏观调控措施，发展过热，所带来的产大于销的投资风险依然存在。五味子前期投资大，见效慢，占地周期长，盲目追上，不能形成区域产业优势，一旦市场滑坡，存在很大的投资风险性。

263. 种植五味子投资构成有哪些

（1）种苗费用　按 10 000 平方米计算，行株距为 150 厘米×30 厘米，约为 23 000 株；行株距为 150 厘米×50 厘米，约为 14 000 株，按照每株 0.5 元计算。

（2）架杆及架条的设施费用　10 000 平方米需要 110 根水泥杆，水泥杆价格每根在 9 元钱左右；行株距为 150 厘米×30 厘米，架条数量可与苗数相同，架条每根 0.12 元。

（3）肥料、农药费用；地面覆盖物；人工管理费用等因地制宜。

264. 种植五味子的经济效益如何

栽培五味子时，如果是 1 年生五味子苗子，管理好的当年可以上架，第 2 年上满架，并能有少量果实获得，第 3 年即可见效，并能连续收获 20 多年。以 2007 年市场价格计算，五味子鲜果每千克 10 元，晒干后每千克 100 元，按栽种密度每公顷栽植 14 000 株。按产鲜果计算，每公顷可产鲜果 7 000 千克，按市场价每千克 10 元计算，可获利 70 000 元。除去投资成本和费用 20 000 元，可获纯利 50 000 元。

265. 为什么说发展林下参前景广阔

野山参生长在原始林地中，作为珍贵的天然补品，已有几千年的应用历史，我国长白山野山参更是稀有珍宝。但由于自然环境变迁、林地的破坏和过度采挖，目前野山参几乎濒危绝迹。为了挽救野山参资源，出现了林下参种植方式。但真正有一定种植面积还是从 1958 年开始。由于林下参产业效益预期好，二、三产业资本开始流入，近一二十年来有了迅猛发展，人参林下种植呈现企业化趋势。从 1989 年起，东北三省开始全面实行林地承包到户，使森林植被得到了恢复，也为野山参创造了生长的环境，野山参资源也因此得到了保护和自然发展；同时林下参的大力发展也推进了野山参资源的恢复，从近年来采挖到的野山参看，虽然总重量下降，但小货数量上升，可见野山参自然繁殖已经有了上升趋势。目前一些已经达到 20 年的生长年限，尽管这样的林下参存活率很低，但其总量将可望达到 20 世纪 50 年代我国的山参总量。林下参的发展也将促进野山参资源的恢复和繁衍。因此，预计濒危的传统野山参资源有可能在 40 年后得到恢复与发展。

266. 为什么说无公害人参栽培是参业发展的必由之路

国际市场对人参农药残留限制越来越严格，除原有的检测项目外，最近有的国家又增加检测其他含有机氯化物及其降解产物，这样就给我国人参栽培提出更严格的要求。同时，近年来人参已由卖方市场向买方市场转变，客商及消费者对人参质量要求越来越高。为此，人参生产质量关把握不好，势必影响商品参的声誉，给人参打入国际市场设下一道难以逾越的障碍。只有走生产和栽培无公害、低农残的人参生产道路，使用腐熟的农家肥，适当减少化肥的使用量，使用高效低毒的农药，推广生物防治，制定绿色生产责任制和村民生产公约，组织技术培训及定期或不定期地生产检查等势在必行。只有走生产和栽培低农残、无公害人参生产的道路，才能参与国际市场竞争。

267. 穿地龙能人工种植吗

穿地龙是东北地产的药材，也叫穿龙骨，一般都是野生的，是多年生缠绕藤本植物。自古以来山区的人们每到收获季节就上山挖根，下山卖钱。集安市头道镇娄子沟村的赵成利就觉得山上资源越来越少，开始搞人工种植试验。他首先上山收集根茎，用根茎育种，转过年来用种子育苗，再把苗移栽到地里，经过3年的试验摸索，终于在自家的地里成功种植出穿地龙。

268. 穿地龙市场前景怎样

药材收购商认为，收购穿地龙时要看成色和粗细，把根茎掰开，颜色比较黄的，须毛清晰，这样的药物含量比较高，收购的价格也高。2005年，集安赵成利种植的1 000平方米地收获穿地龙5 000千克，晾干后获2 000千克干品，销售收入12 000元。这几年穿地龙市场需求量大，价格比较稳定，如今集安市头道镇已经发展到了20多公顷，有10余户农民投入到了这个行业当中。

269. "五马店"牌平贝母是怎样产生的

平贝母为东北地道药材之一，系川贝、浙贝的替代品，其品质疗效仅次于川贝和浙贝。由于野生的数量越来越少，因此，需求量和价格也不断上升。敦化市江源镇五马店村属于高寒山区，具有特殊的地理环境，经致富能人王求记的反复试验，1983年人工种植平贝母成功，多年来，形成了五马店村的平贝母产业和远近闻名的"万元小康村"，人均纯收入突破4万元。2005年注册了"五马店"牌商标，有了自己的品牌，为五马店平贝母产业的持续发展奠定了坚实的基础。

270. 种植平贝母的最佳模式是什么

种植平贝母给农民带来丰厚的收益，随着种植面积的扩大，市场出现阶段性的饱和，造成价格下跌和不稳定，善于钻研的王求记为了规避风险，摸索出了新的种植模式，进行地上和地下结合种植，即地上种玉米，地下种贝母，这样种植的35公顷平贝母，每年地上生长的玉米正常收获，地下的平贝母一次性投入，每年都有一定比例的产出，即便是平贝母出现市场波动，价格低迷时，也能地下损失地上补，使平贝母产业持续平稳发展。

271. 种植地黄需要什么条件

地黄由于加工方法不同，分为鲜地黄、生地黄、熟地黄。地黄具有清热、凉血、养阴、生津等功能，是六味地黄丸中的主药，在药材市场上的年需要量很大。地黄喜欢高温干旱一点的气候和油沙土质。集安市头道镇的农民韩树河经过对药材市场的广泛调查，认为北方土地多，气候、土质都挺适合发展地黄种植，经过大胆尝试，终于种植成功。

272. 北方地黄是怎样进入全国市场的

韩树河在掌握了地黄种植技术后，心里有了底，他认为种植规模太小，不好闯市场。所以，头一年就种了3.5公顷，平均每公顷产7 500千克，总产量达到26 000千克。地黄收获后直接闯河北安国药材市场。到那一看可开了眼界，咱们东北的地黄个头大，药商争着购买，价格每千克给到7.5元，带去的一车货转眼功夫就卖完了。河北之行，闯市场一举成功，韩树河花了8 000多元买种子和生产资料，第二年种植面积扩大到8公顷多，还带动村里20多户农民一起搞地黄种植。如今，他每年跑两趟河北安国药材市场，每次都有新发现，正琢磨着搞地黄深加工来提高产品附加值。

273. 芽苗菜市场需求怎么样

随着生活水平的不断提高，人们的饮食习惯也不断改变，餐桌上的蔬菜种类也越来越多，豆苗、萝卜苗等芽苗菜成了人们的新宠，农民搞芽苗生产收入也很可观，有人发了家。吉林市七家子村的苑小敏，2003年开始种植芽菜供应吉林市场，用她的话说："真是赚钱，用黑豆在一定温度控制下只浇水就行了，几天就长出苗来，一箱豆苗的成本两块钱，批发价5～10元，1天100多箱不够卖"。由此看出，芽苗菜市场前景好，如果居住地距城市较近的农民，找好农贸市场或饭店的销路，种植芽苗菜也是一个不错的选择。

274. 小根蒜大田人工种植可以吗

小根蒜俗称"大脑瓜"，是食药兼用植物。不但营养丰富，而且具有降血脂、促消化、增加食欲等药用价值，深受老百姓的喜爱。许多人都曾经有过到野外采挖的经历。梨树县泉眼岭乡常青村的农民硬是在大田种植成功，为此，找到了商机，走上了致富的道路。从效益上来看，综合这 3 年的平均价格，基本上每千克 5～7 元，就 3 年价格来分析，每亩（667 平方米）土地能挣到 3 500～4 000 元，这就相当于玉米的 3～4 倍。如果要是留做种子用，效益就更大了，相当于玉米 10 倍左右的收入。

275. 小根蒜的最佳种植模式是怎样的

据常青村村民介绍，种小根蒜的地块可以种两茬庄稼，先种 65 天的马铃薯，7 月初收获马铃薯，7 月末、8 月初种小根蒜，10 月末就可以起商品小根蒜。如果上冻前起不完，可在来年的 3 至 4 月份再起，接着再种植马铃薯。留种用的则在 7 月末起。

276. 种西瓜也要组织起来吗

吉林省通化县果松镇就是由镇政府组织种西瓜。首先，通过市场调查分析，进行西瓜产业与传统的玉米、大豆、水稻三大作物效益相比较，每亩（667 平方米）西瓜平均利润在 2 000 元左右，比三大作物效益要高，农民有种植的积极性。其次，搞市场分析预测，研究目标市场容量。通化市、白山市这两个市场大致能容纳 4 000 万千克，2006 年种植 330 公顷的规模，年产量达到 3 000 万千克，占通化、白山市场的 80%。最后，采取集中技术培训，提高农民种西瓜的技术水平，不断提高果松镇西瓜的品质和瓜农重合同守信誉意识，使西瓜市场越做越大。

277. 多大的西瓜好卖

通化县果松镇的瓜农们，不但掌握西瓜种植技术，而且了解城里人的消费习惯，进行有针对性的西瓜品种筛选。他们发现城里不是西瓜越大越受欢迎，现在大多数是一家三口人，买回太大西瓜很长时间才能吃完。而 4～5 千克的西瓜比较受欢迎，三口之家 1～2 天就吃完了。西瓜果型上也以圆形小西瓜更受人们的喜欢。

278. 水果黄瓜的特点是什么

水果黄瓜含丰富的丙醇二酸、黄瓜酶等活性物质和大量的维生素 E，随着生活水平的提高和饮食观念的改变，人们开始注重食品的保健功能，特别是能满足糖尿病人的需求。水果黄瓜也因这些特点而迅速成为市场上较为畅销的蔬菜水果兼用产品。水果黄瓜外观小巧秀美，由于其植株属于雌性系，每个节间都有瓜，这是它与普通黄瓜的不同之处。此外，它生长势旺，坐果能力强，丰产潜力很大，从播种到商品瓜采摘为 50 天左右，每年可种植两茬，适宜秋冬温室及春大棚种植。

279. 种植水果黄瓜效益怎样

从吉林省的农民角度来讲，种植水果黄瓜是个不错的选择，因为水果黄瓜虽然产量比一般的大黄瓜少一些，但是它的产值比较高，据了解这个品种的行情，市场零售一般每千克在 4～6 元，最便宜的时候也在 3 元左右，就是说它的经济效益比较高，所以农户种植水果黄瓜也是比较合算。1 000 平方米的温室产量在 5 000 千克，按每千克 2 元批发，产值就是 10 000 元，减去成本和费用，收入是相当可观的。

280. 吉林省干辣椒产业状况如何

吉林省西部地区独特的土质和气候条件非常适合辣椒生产，所生产的辣椒品质好，已形成了干辣椒产业，并向规模化、标准化方向发展。洮南市福顺乡辣椒协会投资 120 万元，建成了占地 3 公顷的标准化育苗基地，每年可向农民提供 1 500 公顷种苗，并为农民提供种子、农药和技术服务。全乡辣椒种植面积占耕地总面积的 50%，有辣椒加工企业 32 家，年加工辣椒 380 万千克，加工的辣椒产品有十多个品种，出口到韩国、斯里兰卡等国家，累计创汇 3 000 多万美元。目前，辣椒产业已经成为洮南、洮北、乾安、长岭、扶余、农安等地的支柱产业，成为农民发家致富的好项目。

281. 早春种植大棚辣椒效益如何

吉林省早春大棚种植辣椒才刚刚起步，由于吉林省气候因素的影响，一直制约着吉林省保护地辣椒的生产，但只要掌握种植辣椒的关键技术环节，选择适销对路的品种，一样可以获得好的经济效益。保护地辣椒生产一般要选择耐寒、耐湿、耐弱光、株形紧凑矮小、早熟和适合北方消费习惯的抗病品种。播种育苗时间为 1 月中、下旬至 2 月上旬，3 月上旬移苗，5 月中旬左右上市。每亩(667 平方米)保苗 3 500～4 000 株，产量 4 000 千克，每千克售价 1.3 元，产值可达 5 000 元左右。

282. 种植秋延后辣椒增值潜力怎样

种植秋延后辣椒具有广阔的市场前景和增值潜力，它不但缓解了吉林省辣椒市场的供求矛盾，而且也能促进北椒南运的市场发展。种植秋延后辣椒一般选择抗病能力强、在高温高湿条件下也能连续结果和适合北方消费习惯的品种。4 月 15～20 日开始播种育苗，6 月上旬定植，8 月下旬至 9 月上旬上市，一般每亩(667 平方米)产值可达到 2 000～3 000 元。

283. 如何进行毛葱与辣椒套种

毛葱与辣椒套种可以充分利用当地的土、肥、水、光、热等自然资源，提高植物的覆盖率，增加单位面积产值。种植方法是：毛葱垄距为 65 厘米，4 月初垄上种植毛葱。3 月上旬至 4 月中旬进行异地辣椒育苗，5～6 月上旬移栽辣椒于垄沟内。前茬毛葱于 7 月末至 8 月初开始收获，后茬青辣椒或红辣椒于 9 月中旬(早霜来临前) 开始收获。毛葱收益 2 000～3 000 元，辣椒收益 1 500 元左右。

284. 如何进行辣椒与玉米间种

(1) 由于辣椒植株矮，增加了玉米的通风透光性，有利于玉米充分利用空间潜力发挥个体优势，从而达到穗大、粒多、产量高的目的。

（2）玉米为高秆作物，可为辣椒遮阳，使辣椒因强光所致的日灼病或由蚜虫传播的病毒病等显著减轻，提高了辣椒质量。

（3）玉米选择中、早熟品种，一般 5 月 1 日左右开始种植，每 6 垄辣椒种植 1 垄玉米，玉米株距为 50 厘米。玉米与辣椒间种，符合共生互利原则，每亩（667 平方米）玉米 600 株，产量 150 千克，收入 200 元。每亩（667 平方米）种辣椒 4 000 株，产量为 3 500 千克，每千克售价 0.8 元，收入 2 800 元，玉米和辣椒每亩（667 平方米）总收益 3 000 元。

285. 种植秋延后番茄效益怎样

番茄营养丰富、果菜兼用，产量高、效益好。吉林省种植番茄面积在 1 万公顷左右。其中，保护地种植面积已达 6 700 公顷以上，占保护地蔬菜种植面积的第一位。选择秋延后番茄上市效益不错，一般 5 月下旬播种育苗，8 月下旬开始上市。育苗期正值高温季节，采取遮阴、防雨、防虫等措施。每亩（667 平方米）产量 4 000 千克，每千克售价 1.5 元，每亩（667 平方米）纯收入 4 000～5 000 元，其效益比种粮食作物高出几倍。

286. 早春日光温室种植番茄能致富吗

早春日光温室种植番茄主要是抢在蔬菜市场淡季上市，价格高，销路好，但对栽培设施和管理技术要求较高。一般 12 月上旬播种育苗，2 月中下旬定植，5 月份开始上市，每亩（667 平方米）收入多在 1 万元以上，高者可达 1.5 万～2 万元。如品种选那种樱桃番茄，口味好的，每千克售价都在 6 元以上，收入更可观。

287. 吉林省地栽黑木耳区域有选择吗

目前，吉林省黑木耳栽培规模达到 10 亿袋以上，主要分布在吉林省的东部和东南部山区、半山区及中部平原地区。汪清县天桥岭镇地栽黑木耳已形成产业，从 2006 年开始，生产数量已达 5 000 万袋，纯收入可达 8 000 多万元，黑木耳产业已经成为当地农民增收致富的支柱产业。蛟河县黄松甸镇的"黄松甸"牌食用菌产品不仅在国内占有较大的市场份额，还远销美国、日本、韩国以及东南亚国家。2004 年"中国黄松甸食用菌大市场"被确定为农业部定点市场，市场年交易额达 5 亿元。

288. 地栽黑木耳市场前景怎样

黑木耳为胶质菌类，已经由原来的"山珍食品"变成了现在普通的"大众食品"。目前，我国段木栽培黑木耳已经逐年下降，代料栽培黑木耳在生产规模以及生产技术方面都有较大的提高。由于代料地栽黑木耳需要的主要原料木屑用其他原材料不能完全代替，以及室外出耳需要适宜的气候条件，代料地栽木耳的规模和质量受到这两方面条件的限制，所以木耳市场价格相对比较稳定，市场前景十分广阔。

289. 地栽黑木耳经济效益怎样

代料地栽黑木耳一般可以栽培两茬，包括春耳和秋耳。按每亩（667 平方米）计算，可栽培黑木耳 10 000～13 000 袋，一般 1 户可以栽培 1 万～2 万袋。栽培黑木耳需要有发菌场所和一些简单的设备，设备需要一次性投入 4 000～5 000 元；原材料以及人工等成本每袋为 0.60～0.70 元；每袋可产干耳 0.035～0.04 千克左右，每亩（667 平方米）产干耳 350～400 千克，平均按每千克 40～50 元计算，每亩（667 平方米）产值达 15 000～18 000 元，每亩（667 平方米）效益 8 000～10 000 元，相当于大田作物的 40 倍。

290. 冬虫夏草能人工种植吗

冬虫夏草是一种珍贵真菌，具有较高的医药、保健和经济价值。冬虫夏草主要出产在西南、西北海拔较高的山地及高原的草甸地带。目前，冬虫夏草的人工栽培技术还不成熟，可以进行人工栽培，但是成功率不高，出草率低，投资大，效益差，不宜进行推广。

291. 吉林省是否适合栽培蛹虫草

吉林省蛹虫草的人工栽培技术已经成熟，蛹虫草也叫北冬虫夏草，它可以进行人工栽培，只要经过培训，掌握栽培技术后就可以进行栽培。但蛹虫草人工栽培投入大，最低投入在3万～4万元，而且蛹虫草市场价格也不高，一般干品销售价格为每千克800元，一个生长周期在3个月左右，一年可以栽培2～3个周期，栽培规模3万～4万瓶。投入产出比为1：（2.5～3）。

292. 羊肚菌人工栽培的现状及前景如何

由于羊肚菌味道鲜美，在世界各地尤其是在欧洲非常受欢迎，加之长期以来只能靠野生采集，所以供不应求，市场售价比一般栽培菇类要高得多，具有很高的经济价值。农民来电话询问想搞羊肚菌人工栽培，食用菌专家刘晓龙教授的意见是：羊肚菌人工栽培技术离成熟的商业化栽培的要求还相差甚远，一般人工栽培多数是模拟羊肚菌的野生生态条件进行栽培，产量有的每平方米达40朵，高的每平方米达到200朵以上。但不能完全肯定是人工接种菌种的产物，产量不稳定，这样成果很难推广。感兴趣的农民可少量试栽，不要盲目大规模地投资办场栽培。

293. 温室袋栽香菇效益如何

温室袋栽香菇，一般选择早熟高温品种，生育期短，75～90天出菇。培养料可以采用熟料灭菌和半熟料灭菌。半熟料灭菌必须在早春4月1日前低温条件下播种和发菌。栽培袋规格为20～22.5厘米，每装干料1.25～1.5千克，可产鲜香菇1～1.25千克，鲜香菇含水量高，也叫菜菇，产品多为鲜销或切片。市场价格为每千克3～4元。生产10 000袋香菇，投入1.5万元，产出3万～3.75万元，纯收入2万元。适合吉林省所有地区栽培。

294. 简易棚生产花菇需要什么条件

简易棚生产花菇，一般选择中、晚熟，中、低温品种，生育期长，生长速度慢，150～165天出菇，每年只能生产1次，培养料采用熟料灭菌。2～3月播种，当年8～10月出菇；9～10月播种，第 2 年 4～6 月出菇。栽培袋规格为 17～20.5 厘米，每装干料 0.75～1.25 千克，可产鲜香菇 0.35～0.4 千克，香菇含水量低、质量好，所以也叫花菇。适合吉林省东部山区和东南部山区、半山区以及中部平原地区栽培。

295. 地栽香菇有区域限制吗

地栽香菇，就是玉米或果树与香菇间作。在早春 4 月 20 日前播种，采用半熟料灭菌方式，栽培品种为抗逆性强、耐高温的中温品种。一般每亩(667 平方米)地可以栽培 300 平方米香菇，也就是 1 垄玉米，1 垄香菇，垄宽就是畦床宽度。每亩(667 平方米)地可以生产鲜香菇 3 500～4 000 千克。香菇含水量适中，多为厚菇，质量好，市场价格每千克 6 - 8 元，产品主要保鲜供应超市或烘干。每亩(667 平方米)地投入 8 000 元，产出 2.5 万元，纯收入 1.5 万～1.7 万元。适合吉林省除西部以外的所有地区栽培。

296. 如何预防和应对卖菇难

随着食用菌产量的大幅增长，食用菌流通领域出现了不同程度的供大于求的现象，卖菇难的问题时有发生，生产经营者要把握好以下几点：掌握国内外市场产销状况和发展趋势，与经销商签订合同，按订单以销控产，有的放矢地组织生产；要善于利用时间差、地区差。采取夏季出菇反季节栽培、异地销售等措施，要以精品取胜。在国际市场上每千克售价达 400～600 元的高档干香菇却很少滞销，要有机动灵活的价格策略。在供货充足，质量又大体相当时，还是"便宜人人爱"，要搞好菇品的转化增值。多种形式的深加工，将其转化成药品、保健品、快餐食品、休闲食品等，是解决卖菇难问题的一条重要途径。

297. 平菇市场需求怎样

平菇是一种营养丰富、肉质肥厚、鲜嫩可口，具有特殊风味的世界性食用菌。吉林省有不同规模的栽培，平菇除了以鲜菇供应市场外，还可以制作成罐头和加工成盐水菇远销国外。平菇能利用各种农作物秸秆进行栽培，每年可生产2~3个周期，每个周期120~150天，适合大、中城市或城乡结合部以及交通发达的地区栽培。可采取瓶栽、砖栽、箱栽、床栽、地栽，也可在地下室和人防工程内栽培，还可用生料大规模进行露地生产。

298. 栽培平菇应具备什么条件才能有高收益

栽培平菇要进行系统学习，掌握平菇栽培的品种选择、栽培场所、培养料、装袋、灭菌、接种、养菌管理、出菇管理、病虫害防治和采收加工等关键技术。根据市场需求选择不同颜色的平菇品种，根据个人的生产条件和栽培经验确定生产规模。0.5千克干原料可以收0.35~0.5千克鲜平菇，一般每户栽培10 000袋，可以生产平菇12 500~15 000千克，按照市场价格每千克2元计算，纯收入在1万~1.5万元。

三、养　殖　篇

299. 吉林省有什么马品种

吉林省养马历史悠久，曾经有阿尔登、费拉基米、苏重挽、铁岭挽马、英纯血、苏高血等马品种。重型马有阿尔登、费拉基米、苏重挽，除纯种繁育外，主要用于改良当地的土种马。经过若干年的级进杂交和复杂杂交，培育成国内闻名的"农安挽马"，后又命名"吉林马"。它的特点是体躯高大、性情温驯、耐粗饲料、适应性强、生长发育快等。毛色以骝毛、黑毛、栗毛为主。体重是当地马的 2.5 倍，最重的可达 750 千克，挽拽能力强，超过本地马 1 倍以上，是农耕的主要动力，深受农民的喜爱。2001年长春农博会展出的"吉林马"获动物大赛金奖。

300. "吉林马"可以作为肉马品种吗

随着农业机械化程度的不断提高，马的役用已经逐步降为次要地位。20 世纪 80 年代开始全省国营马场纷纷下马，从苏联引进的马品种已基本绝种。但令人欣喜的是农安、松原养马热情不减，始终坚持用重型马改良本地马。近年来，马肉逐渐成为人们膳食新宠，肉马的需求上升，"吉林马"以它的绝对优势，成为首选的肉马品种，这也为吉林农民发展养马业提供了有力的支撑。

301. 马肉的营养怎样

（1）蛋白质含量高　从蛋白质的营养价值来讲，和人体蛋白结构越接近的动物蛋白，它的营养价值就越高，从这一点来看，可食性动物营养价值最高的就是马肉。

（2）低脂肪　马肉脂肪最高不超过 4%～5%，有利于减少人体脂肪的沉积。

（3）高不饱和脂肪酸　不饱和脂肪酸是人体必需的物质，但又是人体不能合成的物质，主要靠食品的摄入，是人体细胞膜的必需成分，也可以降低脂肪在血管中的沉积。

（4）高铁　因为中国人普遍缺铁，而马肉中铁的含量比其他肉类高得多，食用马肉是补铁的好方式。

302. 马肉好卖吗

国际市场马肉用量比较大的国家有日本、德国、法国、加拿大。日本食用量最大，食用方法也最多，而且有生食马肉的习惯，每年都需要从我国大量进口。在价格方面，优质马肉比优质牛肉要贵1倍多。马肉菜肴数不胜数，烟熏马排、爆炒马板肠、扒马脸、红烧马尾、手撕马肉、熘马肝等。

303. 一匹马的价值是多少

农安县繁改站的工作记录上记载着，2002年新疆来客买走6匹"吉林马"种公马，每匹价格是2.5万元。农安县滨河村农民朱福昌介绍说：一匹当年改良马驹母的是3 500元，公的是3 000元。石殿举在农安县专门从事马的短期育肥，也是养马业经纪人。他经常活跃在各牲畜交易市场，批量选购具有育肥价值的"菜马"，进行短期育肥，达到标准后，运往屠宰加工企业。按照他的计算，喂0.5千克玉米和0.5千克麦麸需要1元多钱，遍地的玉米秸秆作为马的主要纤维饲草，马匹增重很快，一天可以长0.75千克左右。这样下来，一匹马育肥6个月，根据膘情的差异，每千克售价在9.6～12元之间，至少可赚得1 000元左右。

304. 出口企业的账是怎样算的

在日本市场，最贵的1千克樱花花纹马肉销售价格10 000日元，折合人民币600多元。以重量700千克的马计算，能产这样的肉大约在120千克。大连明食公司是专门从事马肉加工、出口的企业，出口马肉产品十几种。马肝、马肚、马筋、马蹄筋、马口条全能出口，而且销售价格远远高于国内市场，一挂马肝就能卖到3000元人民币。马皮可以提炼阿胶，马血可以做成血粉，孕马可以提取孕马血清，马心可以做成心粉，马油做成高档的化妆品出口日本，因为马脂肪与人体脂肪相近，吸收效果好，故售价极高。马蹄可以做成纽扣，因为是自然的材质，每个纽扣最高可卖到几美金。

305. 出口企业的数量和质量要求是什么

大连明食公司是日本独资企业，主要从事肉马的屠宰、加工和出口。屠宰的马匹主要从吉林省采购，大约占屠宰总量的70％。2006年在吉林省购入5 000匹，其中有3 000匹是从农安县采购的。采购的马匹主要标准为身高在147厘米以上、腿粗、腰长的重型马，体重在600千克以上。要求养殖户根据情况，强化育肥5～8个月，平均日增重在0.7～0.8千克。采用的饲料配方由日方提供，精料以玉米、麸子、豆饼为主，适当添加一些盐和纯碱，粗饲料为羊草。

306. 当前马肉的供需关系有矛盾吗

俗话说，物以稀为贵，当这种供求关系拉大到一定程度的时候，就必然出现市场的反应。以前是马的数量多，马肉价格低，现在是价格上去了，咱老百姓手里又没马了。作为一个传统的养殖项目，在从使役到肉用转变的过程中，我们的养殖数量已经落后于消费需求，用大连明食公司加工厂孙厂长的话说："我们的养马业确实遇到一种危机，市场需求不断加大，屠宰数量逐年在增加，养殖的数量却越来越少。种群的质量越来越差，品种退化严重，保种也是当务之急"。

307. 原始饲养马的方法是否要淘汰

肉用马必须改变饲养方法。原始的放牧饲养方法必须淘汰，原始的放牧方式有很多弊端，有句俗话"吃肥了走瘦了"就是说放牧不利于马的育肥。再说放牧也受天气因素的制约，比如2007年的干旱，草场长势不好，靠放牧马根本吃不饱。无论是种马，还是商品育肥马，都可以借用猪和牛的发展模式去发展，这样可以缩短差距，加快发展速度，只有这样才能使种群的质量和数量在短时间内能够有一个很大的发展和提高。

308. 现代饲养马的方法有哪些

（1）舍饲　杜绝放牧，通过舍饲可以减少动物运动量，从而提高饲料利用率，缩短育肥时间，大大节约饲养成本，这是现代化养殖的一个重要方法。

（2）精养　马属于一种耐粗饲动物，但由于传统的放牧养殖方法过于粗放，往往使马没有很好的膘情，不适合食品加工企业的要求。以前卖马论匹，现在论斤卖，这是一个大的转变。大连棒槌岛养马场的胡场长告诉我们，"收购马按出肉率给价，好的每千克12元，重量大的老百姓多卖钱，我们喜欢用肥的"。

（3）育肥　对于一些养殖技术较好的农民，选用"菜马"进行育肥也是一个不错的发展方向，养马也必将成为一个不错的产业。

309. 出口育肥企业需要什么样的马

说到马业的发展，大家再清楚不过，民以食为天，养以种为先，不搞品种培育改良，就没有产业基础。况且我们有当地的优良品种，仅农安县就有基础母马25 000～30 000匹，优质种公马有20匹。当地农民又有良好的养马基础，用大连棒槌岛养马场胡场长的话说："农安县送的马个头大，出肉率高，上膘快，马场一般都喜欢要。品种相对比内蒙古、黑龙江的品种要好一些，最起码它有那么一点改良的意思"。企业收购这样的马能在短期育肥后很快达到宰杀标准。

310. 适宜马的饲料有哪些种类

马的生理特点是有一个后肠发酵区，并在盲肠和结肠中有大量的纤维分解菌群。马利用低质量粗饲料的适应能力是较差的。马的日粮可由青草、干草、精料或密封良好的优质谷物类作物青贮料来配合而成。含纤维较少的优质青干草、夏秋季的青牧草是马最好的饲料。适口性好、质量好的农作物秸秆也可作为马的粗饲料，阴干的玉米秸秆上段细嫩部分适口性好，秸秆类喂前应铡碎。加工鲜嫩果穗剩余甜玉米、糯玉米秸秆更是马的好饲草，消化率也比谷类高。熟豆粕、燕麦、麸皮是马的安全饲料，日粮中应占有一定比例。

311. 干草饲喂马有什么讲究

马是最清洁的动物，供应的草料应该是清洁的、不带泥土的草，或者是豆科干草、牧草、半干青贮料和草饼及制成颗粒的草。在沃土上生长的多叶的、青的、细茎的、无尘土的牧草，能够满足成年马对能量的全部需要。有条件的农户最好种植牧草，早期收获的碱茅和苜蓿，可以满足育肥马对蛋白质的需要。粗硬不洁、难以消化的饲料会造成胃肠道功能紊乱，甚至引起消化道疾病。马习惯吃的饲料，不要频繁改变，若要更换，可逐步实施。

312. 农户的养马商机在哪

有优良的品种，又有国内外用户的强大市场需求，再加上吉林省农民传统的养殖习惯，我认为发展吉林养马产业有广阔的空间。一是基础条件好。养殖大户可搞"吉林马"品种选育，为全国养马业提供种马和冷冻精液。二是有饲养经验的农户，不妨搞马的舍饲直线育肥，专供出口企业的特殊需求。三是西部有草原资源的农户，可以搞草原盐碱改良，种草养马，发展基础群。四是有经商经验的农户，可考虑围绕马产业链条建立工商户，经营马的饲料，马的屠宰加工以及马肉产品深加工。五是中部那些甜、糯鲜嫩玉米加工企业周边的玉米种植区域，要很好的利用鲜嫩秸秆资源，也适合舍饲养马。

313. 选择养马需要有哪些条件

现代养马业投资高、风险大，需要有一定的经济实力。然而，其利润也是非常丰厚的，前景广阔。首先考虑的是你是否占据资源优势。这个优势要有符合马匹生长的自然环境条件，棚舍、场地、洁净水源等。鲜嫩阴干玉米秸秆、羊草、谷草、牧草等纤维饲料资源。搞产销一条龙的，要有预期的市场销售目标，搞清哪种加工、哪级加工、适合什么人消费，你要供给的终端市场在哪里，要以销定产。

314. 肉用驴的价值怎样

肉用驴全身都是宝，驴肉具有瘦肉多、脂肪少、不饱和脂肪酸含量高的特点。吃驴肉可以减缓饱和脂肪酸对人心脑血管系统产生不利作用，素有"天上龙肉，地下驴肉"的美称，成为一些地区餐桌必备的佳品；同时它的药用价值较高，其肉、皮、骨、血、蹄、鞭、脂肪和乳皆可入药，由驴皮熬制的"阿胶"是我国传统的中药材；近些年国内驴肉的消费者与日俱增；驴肉、驴皮等精深加工制品已成为市场畅销产品。

315. 驴产品龙头企业有哪些

著名的山东东阿阿胶股份有限公司是全国最大的阿胶及其系列产品生产企业，1996 年股票在深圳上市，成为上市公司。随着每年 20% 的业务递增量，山东东阿阿胶集团正在为缺少驴皮原料而犯愁。山东东阿阿胶集团副总经理李世忠感言"毛驴在逐年减少"。现在，他们一面从国外进口驴皮应急，一面在国内培养长期供应伙伴。公司先后与河南沁阳和辽宁阜蒙县牵手，把其作为主要原料——驴皮的最大供应基地。

316. 养肉用驴能形成产业吗

有龙头企业的带动，辽宁省阜蒙县大巴镇通过政策扶持，建立养驴专业村，扶持养驴大户，促进了养驴业发展。2006 年，肉用驴养殖户已发展到 6 000 多户，存栏总量已经超过 1.3 万头，人均养驴收入超过 600 元。被誉为东北"养驴第一大镇"。阜蒙县旧庙镇也认准了养驴业这条致富路，2006 年上半年实现驴饲养量 1.05 万头。这个镇的 6 725 个农户中，从事肉用驴生产的已经达 4 100 户，营销贩运商品驴的经纪人 31 人。养肉用驴已成为旧庙镇农民一项重要的收入来源。吉林省的通榆县养驴也有悠久的历史，养殖也具相当规模，养殖 100 头的大户有之，养殖 30～50 头的小户也是随处可见。

317. 肉用驴品种怎样选择

养肉用驴关键是选择优良品种。我国肉用驴品种有 30 种以上。而肉用驴养殖首先选择中型驴，次之为大型驴，小型驴适合生产阿胶，为最好。肉用驴品种选择要求有三：一是体型适宜，可多长肉，屠宰率高。二是生长发育快，可快速育肥，提高饲养效益。三是体格要健壮，蹄小而坚实，抗病力强。体型高大的有德州驴、庆阳驴、广灵驴；体型适中的有泌阳驴、晋南驴、淮阳驴等。这些品种在生产性能方面耐粗饲、繁殖力强，屠宰率在50％以上，净肉率在35％以上，可作为父本对当地品种进行改良，用其杂交后代作为肉用驴养殖为最佳。

318. 日本和牛为什么被称为"国宝"

日本和牛以黑色为主毛色，在乳房和腹壁有白斑。成年母牛体重约620千克、公牛约950千克，犊牛断奶后经18月龄育肥，体重达700千克以上，平均日增重1.2千克以上。日本和牛是当今世界公认的品质最优秀的良种肉用牛，其肉大理石花纹明显，又称"雪花肉"。由于日本和牛的肉多汁细嫩、肌肉脂肪中饱和脂肪酸含量很低，风味独特，肉用价值极高，在日本被视为"国宝"，在西欧市场也极其昂贵。日本和牛也是我国十分珍贵的优质肉牛种质资源。

319. 长白山黑牛是什么品种

长白山黑牛是蛟河市天一牧业公司利用日本和牛的冻精与蛟河当地的黄牛杂交改良而育成的品种。在繁殖和饲养中采取了终身编号的身份证制度，档案中详细记录了繁育、饲养、疫病防治全过程，健全的安全管理系统及信息可追溯体系，充分保证了所养肉牛的优良品质。根据各项实验鉴定结果显示，经过改良后的长白山黑牛可以和日本和牛相媲美。长白山黑牛小牛犊在农户家中饲养6个月左右，天一公司负责回收继续饲养育肥，2006年按照每千克12元的价格进行收购，每头牛能卖到3000多元钱。这样看来，农民饲养1头长白山黑牛就比饲养1头普通黄牛能增收1 000元左右。

320. 养杂交肉用牛的优势有哪些

（1）体型大 杂交牛的体型一般比本地黄牛增大30％左右。

（2）长得快　经过杂交改良的牛，在 20 个月左右的时间可以长到 350～400 千克。

（3）出肉率高　经过育肥的杂交牛，屠宰率一般能达到 55％，一些牛甚至接近 60％。比本地牛提高了 3％～8％。一般来说，杂交牛与本地牛相比，能多产肉 10％～15％。

（4）经济效益好　杂交牛生长快，出栏上市早，同样条件下出栏时间比本地牛几乎缩短了一半。无论外贸出口还是供应高级饭店用的高档牛肉，都能卖出好价钱。

321. 肉用羊品种改良是怎样的态势

我国肉用羊品种的育种目标是：国外肉用羊品种的肉用品质和生长速度，与我国地方良种适应性好、繁殖力高、羊肉风味好等优秀性状的科学结合。由于我国国土幅员辽阔，各地根据市场的需要和发展趋势，积极培育适合当地生态经济条件的肉用羊新品种。

吉林省适于作肉用绵羊品种培育的父本品种有：无角陶赛特、夏洛莱、萨福克、德国美利奴羊等。适于作肉用绵羊品种培育的母本品种有：小尾寒羊、东北细毛羊、新疆细毛羊、乌珠穆沁羊、阿勒泰羊等。

适于作肉用山羊品种培育的父本品种有：波尔山羊、南江黄羊、马头山羊。适于作肉用山羊品种培育的母本品种有：关中奶山羊、成都麻羊等。

322. 舍饲肉用羊应注意什么问题

第一，良种肉羊的特征是体型大、生长快、出肉率高、饲料报酬高、出栏快、饲养期短，适合舍饲。第二，规模养羊，可以有效提高劳动力、生产设施、饲料利用率，可降低饲养成本，提高饲养效益。第三，可以引进和普及一些现代的养殖方法和技术。第四，规模购买饲料还有利于批量销售，提高肉羊供应的持续性和可靠性，与客户建立长期的合作关系。第五，理想的羊群公母比例是 1∶36，繁殖母羊、育成羊、羔羊比例应为 5∶3∶2，可保持高的生产效率、繁殖率和持续发展后劲。

323. 为什么要选择好的绒山羊品种

"公畜好好一坡，母畜好好一窝"的说法，就是以最通俗的说法说明养以种为先。好绒收购价格都在每千克 460～560 元之间。吉林省绒山羊原种繁育中心养殖的辽宁绒山羊和内蒙绒山羊原种，有些个体周身没有多少羊毛，肉眼一看全是绒，腿上和蹄夹周围都长着羊绒，平均年产 1～1.3 千克羊绒，而且绒长度达到 90 毫米。看来农民养殖绒山羊，想达到高产和高效益，首先要选择好品种。

324. 绒山羊养殖哪种方式好

吉林省养殖的绒山羊存栏量为 30 万只，有 20 万只分布在白城市的几个县（区），养殖的方式还是采取原始放牧的较多。那么，为保护荒山和草原生态环境，政府明令禁止放牧，绒山羊还能否养，哪种养殖方式好，有些规模养殖户是采取舍饲、半舍饲、反季节放牧的方式比较好。在草场发芽的 4～6 月禁牧舍饲，7～8 月轮牧加补饲，9 月中、下旬杂粮杂豆陆续收割后，开始放牧遛秋茬一直到下雪，然后又是全舍饲。中部产粮区，如能充分利用吉林省甜玉米、黏玉米加工企业的秸秆资源，搞些青贮也是舍饲绒山羊最好的饲料。有条件的地方种植部分牧草，比如碱茅、苜蓿、子粒苋等，可节省部分精饲料。

325. 绒山羊养殖经济效益怎样

养殖绒山羊的经济效益是农民最为关心的问题，当地现有的杂种山羊产绒 0.4～0.5 千克，每千克 270～280 元，每只羊绒收入 140 元，每年平均产羔 1.2 个，收入 360 元，共收入 500 元。好的品种每只羊平均产绒在 0.75 千克，每千克 460 元就是 345元，1.2 个羔就是 600 元，加起来就是 945 元。人工是不计成本的，大部分精粗饲料都能靠自家解决，每户养 10～15 只，收益在 9 000～14 000 元，是种两公顷玉米的收入，而且是老人、妇女、闲散劳动力都能放养和饲喂。

326. 少量养殖奶山羊有账算吗

养殖户少量养殖奶山羊能不能赚钱，我曾去过依山傍水的黑龙江省横道河镇，当地人都有小孩喂羊奶的习惯。见那里的许多居民都养上 3～5 只奶山羊，妇女老人在家用秸秆和少量的玉米面饲喂，生产的羊奶足不出户，每天固定的客户主动上门取奶。2005 年销售价格是每千克 3 元，一个产奶周期产奶量 600 千克，养 5 只羊收入就是 9 000 元，纯利也相当于种 1 公顷玉米的收入。

327. 野猪肉有什么特点

野猪是一种杂食性野生动物，其肉属于低脂肪、低胆固醇肉类。据测定，野猪胴体瘦肉率比家猪高 6%～8%，肌肉中亚油酸含量比家猪高出 1.5～2 倍。其肌肉中所含的动物蛋白和不饱和脂肪酸具有降低血脂、防止动脉硬化所致的冠心病和脑血管病的发生。

328. 特种野猪有什么优势

特种野猪是利用野生猪种驯养后与家猪进行杂交改良，克服了其原有的野性。使其既有家猪的温驯和优良种猪生长快、肉料报酬高的优点，又保持了野猪原有的外形和具有野味、抗病极强、管理粗放的特点；既保持了野猪瘦肉率高、适应性强、有野味的优点，又克服了野母猪仅在春季发情和在人工饲养下不易管理的缺点。使特种野猪既温驯、又高产，平均产仔数可达 13 头以上，育成率达 97%。

329. 养特种野猪效益怎样

吉林省通化市复胜村陈兴友经过几年摸索，育成的特种野猪肉质红润、口感好。通化市的一家大型屠宰场以每千克 16 元的价钱订购了他的特种野猪。2005 年陈兴友野猪场已经发展到了300 头的规模。他决定分别把母猪送给乡亲们饲养。搞养殖的农户 1 头母猪 2 年产 5 窝仔，每窝 8～12 头，2 年下来 1 头种猪就可以有近万元的收入。10 千克的仔猪再养 5 个月左右就可以作为商品猪出售。按目前的市场价计算，1 头 100 千克左右的野猪可以卖到 1 500 元以上。

330. 发酵床养猪有什么好处

"发酵床养猪技术"是养猪方法由传统方式向现代方式的变革。其原理是通过土着微生物菌落在特定营养剂中培养繁殖，使猪粪、尿中的有机物质得到迅速和充分的降解、转化、发酵，由于土着微生物滋生繁殖，生成菌体蛋白，转变成为无害的蛋白物质。其优点是：疾病减少、无蝇蛆、无臭味、猪体干净、环境卫生好、猪肉品质好，猪的精神状态好、能源节约、劳动力省、经济效益提高、生态效益增强。

331. 发酵床养猪效益怎样

传统养猪 1 头育肥猪从饲养到出栏，以 2007 年 9 月的行情，1 头出栏猪 110 千克的成本是 845 元，料肉比为 3.05∶1，生猪市场销售价为每千克 11 元，1 头猪收入为 1 210 元，利润为每头 365 元。应用"发酵床养猪技术"除上述获得的利润外，每头可节本增效 75 元（其中兽药节约 10 元，水电暖节约 10 元，节约劳动力 10 元，售价每千克高出普通猪肉 0.4 元，即可增值 75 元）。应用"发酵床养猪技术"实际纯收入每头猪是 440 元。

332. 鹅产品市场前景怎样

鹅周身是宝，这几年越来越被人们所认识。鹅肉营养丰富，鹅肥肝味道鲜美，鹅绒价格昂贵，鹅"下水"的价值也不容忽视，除了食用外，还具有药用价值，这些都源于鹅主要食用青绿饲料，拒食各种饲料添加剂，从而避免了药物残留，是标准的绿色食品，符合当前人们崇尚绿色消费的时尚。从国际市场消费看，欧盟、中东人比较喜食鹅肉，素有"富人吃鹅，穷人吃鸡"的划分。我国的消费区域已由南向北蔓延，吉林省遍布城乡的鹅餐馆生意火爆，商场"草塘鹅"食品柜台前大家争相购买，这些都可以看出鹅产品前景广阔。

333. 养鹅效益怎样

松原市宁江区毛都站镇东兴村是吉林农大白鹅养殖专家大

院，家家白鹅成群，户户鹅舍宽大。大院成立几年来，吉林白鹅试验示范户已达 61 户，商品鹅养殖大户达 240 户，吉林白鹅存栏达 10 000 只，商品鹅存栏 30 000 只，农民可增加收入 90 万元。吉林白鹅种蛋销售达 320 万元，全镇两项总计收入 410 万元。吉林省的大安白鹅产业也实现了高效化、基地化、产业化、市场化和外向化。2002 年，养鹅 10 万只以上的乡（镇）有 12 个，养鹅专业村 86 个，养鹅户均增收 370 元。2005 年达到 500 万只，农民养鹅收入达到 6 000 万元，有 8 000 多个养鹅户脱贫致富。

334. 吉林省养殖的鹅有哪些品种

（1）肉用品种　狮头鹅、皖西白鹅、溆浦鹅、四川白鹅、莱茵鹅、吉林白鹅。

（2）肝用品种　狮头鹅、溆浦鹅、朗德鹅、莱茵鹅和吉林白鹅。

（3）绒用品种　豁眼鹅、皖西白鹅、溆浦鹅、四川白鹅和吉林白鹅。

（4）蛋用品种　豁眼鹅、籽鹅、四川白鹅和吉林白鹅。

335. 种草养鹅的效益怎样

吉林省种草养鹅已有多年的历史，最适合吉林种植的有子粒苋、苦卖菜这两种牧草。以子粒苋为例，其特点是：

（1）营养价值高，蛋白质、脂肪、赖氨酸的含量比玉米和小麦高出 2～3 倍。

（2）生长快、产量高、再生能力强，株高可达 3 米以上，全年可收割 3～4 次，每亩（667 平方米）产鲜茎叶 5 000～10 000 千克，每亩（667 平方米）产子实 150～250 千克。

（3）适应性广，根系特别发达，耐瘠薄又耐干旱，非常适合松原、白城等地种植。将子粒苋的整株或叶等采回后切短切碎，加入 20%～30% 的精料直接饲喂；或采回后打浆，加入 25%～40% 的精料直接饲喂；也可晒干，将秆、叶、子粉碎加入精料中饲喂。每亩（667 平方米）地可养肉用鹅 200 只，以 2006 年每千克

14 元计算，总收入 11 200 元，去除鹅雏、草种、精饲料、防疫等成本 3 500 元，纯收入 7 700 元。

336. 稻田养鸭是怎样的技术

稻田养鸭是个成熟的技术，应称做稻鸭共育技术。通过稻田养鸭让稻鸭共生，和谐生长，以稻田的自然生态环境提供鸭子生活生长的环境条件，利用鸭子旺盛的杂食性食欲，除去田间杂草和害虫。同时，鸭子排泄的粪便作为有机肥料对稻田施肥。鸭子在稻田中的活动对水稻进行持续刺激、中耕浊水来促进生长，在同一田块空间产生循环互作，达到减少稻田农药和化肥的用量，降低生产成本，最终生产出绿色安全的优质米和鸭产品。

337. 稻鸭共育的鸭品种如何选择

稻田养鸭的品种不宜选择体大的肉食鸭，应选择成鸭后体重在 1.5～2 千克，抗逆性强的本地鸭或专用鸭。

338. 小鸭下田应注意什么

吉林省春季天气凉，小鸭对气温和雨水敏感，鸭小抗逆能力差，放鸭的时间不要过早，新孵小鸭应在家养 20 天以上，进行水中、哨声等训练，以便放到田间后喂饲时容易招呼。插秧缓苗后就可以放鸭，为了保证鸭的成活率，千万不能下雨天放鸭，应在 6 月 10 日左右好天时放。鸭在自然环境条件下都有自己的生活方式。因此，鸭放到田间后一般不用人工看守。每亩（667 平方米）放 8～12 只，草多或鸭下田时间晚时多放，否则少放。放鸭时公鸭和母鸭的比例配成 1∶4，以便增强田间的活动能力。

339. 稻田养鸭需要补饲吗

稻鸭一般每天晚上喂饲 1 次，早晨和中午一般不喂，喂多了鸭子吃草就少，活动小。为了保证所养的鸭子是生态鸭，生产稻谷符合绿色米的标准，喂鸭的食料不应有化学成分和激素类的物质，喂玉米或自己配制的无公害的牧草、蔬菜、精饲料等。后期如果草少鸭子吃不饱时，早晨适当喂一些菜类和精饲料，加速鸭子的生长，提高鸭子的商品价值。

340. 稻田养鸭需要设施吗

为了防止鸭跑失和老鼠、黄鼠狼等天敌的侵害，放鸭的池埂边用高50厘米的细眼尼龙网或细铁丝网围起来，每公顷400米左右即可。另外，为了在田间条件下，有一个鸭休息和避雨的地方，在池埂或稻池边的空地上搭一个小型鸭棚，每10只鸭需要1平方米左右。为预防鸭睡在凉地上得病，棚底用木板杂草等物铺地，背风的方向除留一处鸭出入的小门外，棚的其他部分和顶部用塑料布等物封住，防止小棚进雨水。

341. 稻田养鸭注意事项有哪些

（1）稻田育苗正常进行，插秧密度为30厘米×20厘米以上，能保证鸭的活动和稻苗生长。稻田最好是采用全年不施化肥，不用农药的有机农业栽培方法。灌水管理上以浅水为主，但不能采取烤田等极端的断水方法。

（2）鸭子胆小，每天放鸭或喂食时不要惊吓鸭子，不然聚堆不吃草。刚开始放鸭，因不适应环境，有时活动范围小，影响除草效果，如发现这些问题，适当赶鸭到有草的地方，但千万不能惊吓鸭雏。

（3）出穗后灌浆初期收鸭，防止鸭吃稻穗，损失粮食产量。收鸭后公鸭可以出售，母鸭可以育成蛋鸭。

342. 稻田鸭经济效益如何

每亩（667平方米）地放鸭10只，到秋天收鸭时的成本不足5元，但成鸭后能卖到10～13元，每亩（667平方米）鸭的纯收入就是50～80元。养鸭稻田可以不喷农药，可节省20元左右，再加上产出的是绿色优质米，因为绿优米每千克稻谷多卖0.1～0.2元，又可以多收50～100元，共计多收120～170元。如果再加上增产的因素，能保证每亩（667平方米）增收200元。

343. 骡鸭是怎么回事

骡鸭又称半番鸭，是用栖鸭属的公番鸭与河鸭属的母家鸭杂交产生的后代，属于属间杂交产生的杂种，它没有繁殖能力。骡鸭克服了纯番鸭公母体型悬殊大、生长周期长的缺陷，表现出较强的杂交优势，具有耐粗易饲、生长快、体型大、肉质好等特点。近年来，为适应不同市场需求，骡鸭在羽色选育上已形成了花羽、白羽为主的各类型品种。

344. 骡鸭有什么优点

（1）抗逆能力强，适应性广 番鸭在我国肉鸭生产中占主要地位。但适宜生长的环境以温暖湿润的南方为主，北方地区没有饲养。而骡鸭则用番鸭与全国南北各地的优良鸭品种杂交生产，杂种优势明显。可水养、旱养，也可水旱结合养。可放牧、圈养，也可圈牧结合养。其抗寒能力大大强于番鸭。

（2）生长速度快 骡鸭的生长速度比它的亲本都快，且生产周期短，8周龄的体重可达2.25～2.5千克，即可上市。

（3）饲料利用率高，耐粗饲 骡鸭食性广，喜爱采食青绿多汁饲料，能适应各种粗饲料，尤其在放牧时这一特点更为突出。即使在圈养条件下，饲料转化率也比蛋鸭、肉鸭高，一般8周龄累计肉料比为1：（2.6～2.8）。

345. 骡鸭的用途怎样

骡鸭用途广泛。骡鸭瘦肉率高，肉质鲜美，克服了亲本的缺点，综合了它们的优点。既有番鸭肉膛厚实、瘦肉率高的优点，又有家鸭细嫩鲜美、风味芳香的特点，是老幼妇弱都适合的保健肉。肉质细嫩、口感好，除适于家庭烹饪外，更适于加工成酱鸭、盐水鸭、板鸭等熟食品，还是生产鸭肥肝的理想资源。

346. 骡鸭养殖的关键技术是什么

（1）加强对用作父本的番鸭和用作母本的樱桃谷鸭、北京鸭、高邮鸭、金定鸭、吉林麻鸭和一些具有分布广、适应性强、产蛋率高、个体大、肉质好特点的优良品种的选育，开展杂交组合试验，尽可能设计出多种二元杂交和三元杂交的配套方案，努力筛选出可生产优质高效骡鸭的最佳杂交组合。

（2）采用鸭人工授精技术，并积极探索驭鸭种蛋孵化的最佳环境参数，采用先进的孵化技术，努力提高种鸭的受精率和种蛋的孵化率。鸭人工授精技术可使受精率达 80％以上，比自然交配受精率高出 10％～15％。同时可提高父本利用率，减少公鸭饲养量，从而降低生产成本。

347. 吉林省有养殖骡鸭的吗

骡鸭有着极大的发展优势。近年来，骡鸭在沿海一带省、市肉鸭生产和消费中已经开始唱起了"主角"，湖南、江西、四川、江苏、山东等地发展也很快，并逐渐从南方向北方蔓延。专家预测，骡鸭将在肉鸭生产中后来居上，开发前景广阔。吉林省梅河口市正方集团是从事鹅养殖的企业，近几年引进骡鸭，专门搞订单养殖，辐射到辽源、四平、通化等地。

348. 骡鸭养殖经济效益怎样

当前，国内外市场上优质骡鸭比普通肉鸭竞争力强，商品价格高。据有关资料统计分析，骡鸭料肉比按（2.7～2.9）∶1，8周上市活重为 3 千克左右，活鸭国内市场销售价格每千克为 9.0元，在相同饲养周期内饲养 1 只骡鸭比普通肉鸭能多赚 1.5～2.5元。如果农户年饲养 2 万只商品骡鸭，可净增 3 万～4.5 万元收入。

349. 养鸭建立风险基金有什么好处

双辽市新立乡农民依托当地省级龙头企业，发展樱桃谷鸭产业，全乡有 80％的农民都在饲养樱桃谷鸭，年出栏近 100 万只。当地是如何把鸭产业发展得这么大的呢？在饲养环节中也曾遇到过鸭品种退化、卖鸭难等这样那样的挫折，产业发展完全归功于企业和农民建立了养鸭风险基金制度。按照这个养殖风险基金制度，除了企业一次性拿出一大部分资金外，养殖协会还要给每只鸭子上缴 5 分钱的保险金，每次交鸭时直接从收益中扣除。这样，养鸭户在遇到不可抗力的灾害时能得到部分赔付，保护了养殖户的利益，也为产业发展提供了保证。

350. 养殖土鸡效益怎样

一些地方农民以围林野养为主养殖土鸡，以五谷杂食和田间地头草虫为食，生产的鸡肉野味十足、营养丰富、安全无公害。其产品供应节日市场效益相当不错。2007 年全年长春市场零售价一直在每千克 24 元以上。农民在家门口出售，每千克也在 16～18 元。吉林长岭林场的陈正伟 2007 年养了 4 000 只，每只 16 元×1.75 千克×4000＝112 000 元。自家的山林草地，饲养饲料成本为 600 元×120 天＝72 000 元，纯挣 40 000 元。

351. 养殖土鸡需要具备哪些条件

最好选择无任何污染的林地、林场或果园饲养，树林的荫蔽度要在 70％以上，防止夏季炽热的阳光直射引起鸡群中暑。可建造塑料大棚鸡舍或改造旧建筑物为鸡舍，林地要避风向阳、地势高燥、排水排污条件好、雨季不形成内涝且水源充足、交通便利的地方。棚舍前的开阔林地用 1.5～2 米高的尼龙网圈起来，作为土鸡的活动场所。棚舍内外放置一定数量的料槽和饮水器。放养规模一般以每群 1 500～2 000 只为宜，采用全进全出制度。

352. 选择哪些土鸡品种好

应根据鸡群对围林野养的适应性和市场需求来确定。一是选择耐粗放、行动灵活、觅食力强、抗病力强的纯土鸡或地方土鸡血统占 75％以上的杂交鸡种。二是选择对严寒和雨淋有一定适应性的快羽鸡种或体色、体态经选育提纯过的地方鸡种。

353. 养殖土鸡要进行防疫吗

土鸡围林野养，虽然远离村庄和鸡场，但同样需要科学的免疫，参照蛋鸡的免疫程序即可。此外，要求饲养员责任心强，每天注意观察鸡群的生产状况，详细记录鸡群的采食、饮水、精神、粪便和睡态等状况，发现病鸡，应及时隔离和治疗，同时对受威胁的鸡群进行预防性投服药物。在放牧时期，定期在鸡饮用水中投放一定数量的消毒药，以控制饮水中有害菌群的含量，防止疾病的传播。鸡舍每周清扫 1 次，转换轮牧时，彻底清除上一牧区的鸡粪，并用抗毒威喷洒或石灰乳泼洒消毒，鸡舍每2周带鸡消毒1次。

354. 养殖肉鸽前景怎样

肉鸽细嫩味美，为家禽类之首，是高蛋白、低脂肪的理想食品，又是高级滋补营养品，集食用、药用于一体。肉鸽饲养业也是近年兴起的特种养殖业之一，以其简单易养、生产周期短、投资少见效快等优势成为一项发展地方经济、农民发家致富的新兴财路。随着人们生活消费水平提高，对肉鸽营养价值的进一步认识，"以鸽代鸡"的趋势将会更加明显。

355. 肉鸽养殖有哪些优势

(1) 饲养易　母鸽生蛋后自孵、自育雏鸽，不需人工孵化、饲喂，也不需再分阶段饲养管理。肉鸽免疫力、抗病能力强，其他禽类易感染的毁灭性疾病在鸽身上不易发生。肉鸽适应性强，可适应气温为零下40度到零上40度。

(2) 生长快　刚出壳的雏鸽体重只有20克左右。经亲鸽哺育25天，雏鸽可长到500克以上，是出壳时体重的25倍。

(3) 成本低　肉鸽可大规模立体笼养，以植物性饲料为主，料肉比为2：1。

(4) 效益稳　目前市场肉鸽价每只在15元左右，按每对种鸽年产12只计算，年产值180元，扣除种鸽养殖成本70元左右，每只种鸽年可实现利润110元左右。

356. 饲养水貂需要哪些必要条件

(1) 选择一个安静的场地　场地要安静，选择远离村屯、公路，周围没有嘈杂声音的环境，惊吓对水貂生长繁殖非常不利。兽舍周围环绕大树，既挡风又遮阴。

(2) 饲料来源方便　水貂是肉食性动物，它要吃肉和海鱼。如果肉和鱼的来源不方便，对饲养有很大影响。

(3) 要有经济实力　水貂养殖是投资大、周期长、风险大的项目，也可以说是富人的行业和产业。

（4）选择好品种 要选择市场上比较受欢迎的品种，国际毛皮市场短毛貂受欢迎。

357. 怎样计算水貂的养殖投资

场地笼舍是固定投入，一次投入多年使用。最大的投入是饲料，1只水貂1个月饲料费在20元左右，对于打皮水貂的饲养期为5～6个月，所以1张皮的饲料成本在100元左右。种貂饲料消耗按12个月计算，1年饲料成本200多元。如果你手里有10万元钱，用于买貂的最多不超过40%、留60%作饲料费用。水貂养殖是投资大，周期长，如果没有一定的经济实力，最好不要去搞这个项目。

358. 养殖水貂的经济效益有多大

水貂生产繁殖是1年1个周期。3月开始发情配种，5月上旬是产仔高峰，产完仔一个半月断奶分窝，到7月中、下旬就可以出售，当年12月份就可以打皮赚钱。如果留做种用，来年3月初它就可以交配，5月就可以产仔。

不同的养殖场、不同的养殖规模其养殖的效益是不同的，在2007年水貂皮市场行情相对较低的情况下，按300只基础母貂计算，每只平均育成仔貂4只，1年可育成1200只，平均公貂皮价格260元、母貂皮价格170元。粗略计算，每只貂纯利润大概在50～100元之间，那么，300只母貂的家庭养殖年均收入5万～10万元，这对一个普通家庭养殖场而言还是很有诱惑力的。

359. 水貂养殖多大的规模适宜

水貂养殖规模多大为好，是没有标准的，适度规模是根据养殖场（户）的能力和市场情况而定，开始宜小，逐渐扩大。对于一般农户，将养貂作为一项副业，饲养基础母貂在30～50只即可。如果作为主业，基础母貂可养200～300只，一般不要超过500只。而对于一个大型养殖场来说，低于500只的规模意义不大，一般应在1000只以上，场地、人工等养殖成本高，没有规模就没有效益。

360. 养殖狐狸的经济效益有多大

如能进行科学养殖、实现规模养殖，其经济效益还是很可观的。按 2007 年蓝狐皮价格 300 元、种狐 350 元计算，以投资购种费用按 50 只母狐 10 只公狐为例，投资购种费用为 21 000 元。全年的饲料和其他费用估算为每只 220～250 元。狐群平均育成蓝狐为 6 只、银黑狐 4 只，假设 50 只母狐产子成活 300 只，按现在的皮毛价格计算，产值为 90 000 元，减去饲养成本费用75 000元，纯利润至少为 15 000 元，如果狐群中有 1/3 做种狐出售，其效益将会大幅度上升。

361. 实现狐狸的高效养殖要把好哪几关

养好狐狸要把好"五个关"，即引种关、饲养管理关、繁育技术关、防病治病关和加工关。从事动物养殖业一定要树立"民以食为天、养以种为先"的观念，所以把好引种关是提高养殖者经济效益的基础。把好饲养管理关才能把良种及其后代养好，获得品质优良的狐皮。把好繁育技术关是扩大数量、保证质量的基础。把好防病治病关是保证狐群有较高的成活率和出栏率。把好加工技术关是保证皮张质量的最后一道关，同样也不可忽视。

362. 处于低谷时期的貉子还能养吗

2006 年的养貉业是令养殖户兴奋的一年，养殖户通过出售种貉和貉皮，取得了高额利润。有高潮就有低谷，进入 2007 年种貉和貉皮的价格出现了较大幅度的下滑，在这种情况下，貉子还能养吗？还有利润吗？我认为，有破产的企业，没有破产的行业，貉子皮是大众需求的、永远是有市场的，如果能够做到科学养殖、规模化经营，就目前的情况养殖貉子还是有一定的利润空间的。作为老养殖户，要坚持才有希望。新养殖户低谷时进入，成本降低很多，走出低谷商机就在眼前。

363. 獭兔养殖的前景怎样

獭兔是世界上最好的皮用兔，用其制作的裘皮服饰，价位适中；獭兔不属于野生动物的范畴，其终端产品在国外很少受到反裘皮运动的影响；獭兔作为节粮型草食动物，更适于我国国情；獭兔是以皮为主，皮肉兼用，其肉具有高蛋白、高赖氨酸、高消化率、低脂肪、低能量、低胆固醇的特点，更符合当今人类对动物源食品需求的方向；投资少、见效快。

364. 养殖獭兔究竟有多大的利润

以 1 只种母兔为例，种母兔可年产 5 胎，平均每胎 6 只，年产仔兔 30 只，按成活率 90％计算，可出栏 27 只。按 2007 年 8 月行情计算，1 张生皮 45 元，白条兔批发价格每千克 12 元，1 只出栏商品兔销售收入是 67 元。扣除饲料、疫苗、人工、水、电等饲养成本 27 元，可净得 40 元，27 只商品兔可净得 1 080 元。扣除饲养种母兔 1 年的成本约 350 元，1 只种母兔的纯收入在 730 元以上。每户饲养 20 只种母兔年纯收入一般可达到14 600以上。一次投入，年年产出，其优势是其他养殖项目无法比拟的。

365. 獭兔皮价格的波动有规律吗

根据近些年来獭兔皮市场波动的状况，其基本规律是每3～5年一大变，1～2 年一小变。我国的獭兔皮目前很大一部分是直接和间接出口，其价格通常受国际裘皮行情所左右，也受全球气候变暖的影响，暖冬会在一定程度上影响裘皮服饰的销售，也和养殖数量盲目扩张，造成供过于求等有关。

366. 如何应对獭兔市场的变化

（1）提高质量　优质优价的理念不断深入人心，好兔皮不管在什么情况下总是在高价位运行，而且非常抢手。

（2）规模适度　根据市场行情，适度调整饲养规模，当市场行情下滑时，进行群体调整，压缩规模，提高群体质量。当市场行情出现由低向高的转机时，适度扩大养殖规模。

（3）灵活经营　在兔群中选出 25％～30％的优质獭兔作为种兔出售，价格灵活，以质论价。70％～75％作为商品兔销售，商品兔价格合适时，就出售活兔。出售活兔不划算时就打皮，皮和肉分别销售；生皮合适就出售生皮，出售生皮不合适就将生皮鞣制，待机出售熟皮。

367. 为什么说兔肉是 21 世纪人类理想的肉食品

兔肉蛋白质含量高，赖氨酸和色氨酸的含量高于其他肉类。脂肪含量低，而且含磷脂多而胆固醇少。矿物质、碳水化合物含量高。肌纤维细嫩、易消化，兔消化率可达 85%，高于其他肉类。因此，可以说兔肉是幼儿、老人、病人、体弱者最理想的肉类食品，也是 21 世纪人类理想的肉食品。

368. 养殖肉兔究竟有多大的利润

（1）年成本　1 只种母兔的价格是 150 元；1 只种母兔年耗颗粒饲料 70 千克，颗粒饲料按每千克 1.4 元，共计 98 元；1 只种母兔 1 年繁殖 5 胎，产仔 40 只，按成活率 90% 计算，可出栏 36 只；1 只仔兔从出生到出栏需饲料 10 千克，商品兔共耗饲料 360 千克，计 504 元；防疫费每只种兔年需 1 元，商品兔每只需 0.5 元，共计 18 元；每只种兔年需笼具费 28 元。总计 798 元。

（2）年收入　商品兔每只 2.5 千克以上，每千克 12 元，年出栏 36 只，共计 1080 元；年产兔皮 15 元×36 张，收入 540 元；粪 0.6 吨，收入 35 元。总计 1655 元。

（3）年利润收入减去成本是 857 元。每户饲养 20 只种母兔年纯收入即可达到 17 140 元以上。

369. 林蛙产品市场前景怎样

林蛙，俗称蛤士蟆，主产区在吉林省东部长白山区。林蛙具有相当高的食用、药用和经济价值，被誉为深山老林珍品，其肉细嫩鲜美，其油在中医学上用作养阴药，主治虚劳咳嗽、体虚、精力亏损、神经衰弱等症。有补虚、壮阳、健体之功能。由于林蛙所独有的营养价值和药用价值，尤其是蛙油在国内外市场更是走俏，供需悬殊。

370. 林蛙养殖哪种方式好

随着市场需求量的不断增加，加之自然资源的日趋枯竭，吉林省林蛙养殖有封沟半人工圈养和大棚纯人工养殖两种方式。舒兰市就将两种方式有机地结合起来，在发展林蛙产业上，他们将一家一户小规模粗放养殖户组织起来，走集约化之路，上规模、上档次，从而增加效益。为此他们制定优惠政策，帮助蛙农们在自然状态养蛙情况下，修建起孵化池、变态池、越冬池、看护房等全人工环境设施，以提高成活率。在养蛙封沟、有效放养、国家级林蛙种苗繁育基地建设、林蛙养殖基地示范村扶持等每个环节都有周密的部署。既利用了自然资源，又在林蛙生长的关键环节创造了人工环境，由此看来，林蛙养殖封沟半人工养殖加人工环境的方式最好。

371. 林蛙养殖也要标准化吗

舒兰市为了使林蛙养殖标准化，他们制定了一系列配套措施。每个蛙场都配备了通讯、照明、测氧等设备，具备了现代化养殖条件，进行规范化生产。自1998年以来，年年举办林蛙养殖培训班，年培训达240多人次。成立了"吉林省泰信达长白山林蛙研究中心"，进行林蛙养殖试验研究。还成立了吉林省泰信达长白山林蛙科技开发有限公司，专门从事林蛙及其产品的收购、加工。这个公司与北京同仁堂药业集团联手生产林蛙油冲剂和林蛙油颗粒，市场非常受欢迎。

372. 泥鳅的养殖条件是什么

人工养殖泥鳅，可建设专门的水泥池或挖小土池，也可以利用浅水的小池塘或水田改建。养殖场地除要求水源充足、水质良好、环境清静外，还要求土质要好，以黏土带腐殖质土最为理想。要求蓄水深50厘米左右，每平方米可放养5厘米长的泥鳅鱼种约100尾，经过3～4个月便可达到体重10～20克的上市规格。

373. 泥鳅有什么经济价值

泥鳅不仅在国内市场受欢迎，还可通过港澳地区销往东南亚等地，而且在国际市场上也是紧俏的商品。在日本每年的需求量达4 000多吨，但其本国产量仅1 500吨左右，其余部分都要从我国进口。在冬季的东京市场上，我国出口的冰鲜开膛泥鳅每千克价高达 2 300～2 400 日元。据统计，出口 1 吨冰鲜开膛泥鳅可换回 26 吨钢材，其价值相当可观。吉林省市场上商品泥鳅售价为每千克 30～40 元。

374. 匙吻鲟养殖前景怎样

匙吻鲟为纯淡水性生长最快的大型名贵珍稀经济鱼类，吉林农大水产专家夏艳洁老师经多年驯化人工养殖成功。食性为天然饵料——浮游生物，也食人工配合饲料。该鱼生长快，吉林省养殖的鱼种当年 6～10 月全长可达 50～68 厘米、体重可达0.75～0.9 千克，第 2 年达到商品规格，可以上市出售。匙吻鲟最大个体全长 1.8 米左右，体重 83 千克以上。饭店销售每千克 96 元，观赏鱼每尾可售 30～50 元，是个高投入、高产出的好项目。

375. 蚯蚓有什么用途

（1）药用价值　蚯蚓俗称曲蟮，中药称地龙，其经济价值很高。具有解热、镇痉、平喘、降压、利尿和通经络的功能。

（2）疏松土壤　蚯蚓是耕耘土壤的"大力士"，通过它的活动，使土壤疏松，团粒结构增强，从而促进农作物的生长。

（3）环境卫士　蚯蚓食性很广，许多污染环境的有机物质都可作为它的食料，故用它来处理有机废物，净化环境。

（4）蛋白饲料　蚯蚓还具有繁殖率高、蛋白质含量丰富的特点，所以，养殖蚯蚓也是解决动物蛋白饲料的一条有效途径。

376. 蚯蚓的习性有什么特点

蚯蚓是喜温、喜湿、喜安静、怕光、怕盐、怕涩味的夜行性环节动物。白天栖息在潮湿、通气性能良好的土壤中，栖息深度一般为 10～20 厘米，夜晚出来活动觅食。它以腐烂的落叶、枯草、蔬菜碎屑、作物秸秆、禽畜粪、瓜果皮、造纸、酿酒或面粉厂的废渣以及居民点的生活垃圾为食。它特别喜欢吃甜食，比如腐烂的水果，亦爱吃酸料，但不爱吃苦料和有涩味的料，盐料对它有毒害作用。蚯蚓是好气性的低等动物，对周围环境反应十分敏感，适于生活在 15℃～25℃、湿度在 60％～70％、酸碱度 pH

值为 6.5～7.5 的疏松土壤中，条件不适时就会爬出逃走。

377. 蚯蚓养殖方法有哪些

（1）简易养殖法　在容器、坑或池中分层加入饲料和肥土，料土相同，然后投放种蚯蚓。这种方法适用于农民，利用房前、屋后、庭院空地以及旧容器、砖池、育苗温床等。其优点是就地取材、投资少、设备简单、管理方法简便，并可利用业余或辅助劳力。

（2）田间养殖法　选用地势比较平坦，能灌能排的玉米地、菜园、果园或饲料田，沿植物行间开沟槽，施入腐熟的有机肥料，放入蚯蚓进行养殖，上面用土覆盖 10 厘米左右。经常注意灌溉或排水，保持土壤含水量在 50％左右。

（3）工厂化养殖法　这种方法要求有一定的专门场地和设施，适用于大规模生产蚯蚓。

378. 蚯蚓的饲料有哪些

（1）凡是无毒的植物经粉碎、发酵、腐熟均可作为蚯蚓的饲料。

（2）垃圾则应分选过筛，除去金属、玻璃、塑料、砖石和炉渣，再经粉碎。

（3）家畜粪便和木屑则可不进行加工，直接进行发酵处理。粪料占 60％、草料占 40％左右的粪草混合物为最好。使用前，先检查饲料的酸碱度是否合适，一般 pH 值在 6.5～8.0 都可使用。过酸可添加适量石灰，过碱用水淋洗，这样有利于过多盐分和有害物质的排除。也有人认为蚯蚓最好的饲料是食用菌的菌渣，其次为育肥牛的鲜牛粪。

379. 适合吉林省的蚯蚓养殖品种有哪些

适合人工养殖的蚯蚓，应选择那些生长发育快、繁殖力强、适应性广、寿命长、易驯化管理的种类。目前最优良的种蚓是北星二号、大平二号，其他种蚓还有环毛蚓、爱胜蚓、杜拉蚓等。吉林省养殖户目前养殖的只有大平二号。

380. 蚯蚓的食用价值怎样

特殊养殖方法养殖的蚯蚓可食用。蚯蚓食品大都以烹、炒、炸、煎为主，味道十分鲜美。蚯蚓除含有多种氨基酸外，还含有丰富的粗蛋白，比鱼、大豆、肉类和骨粉的含量都高。在欧美、日本，精制的蚯蚓已被用于焙制饼干、面包和肉类的代用品，还有蚯蚓肉和牛肉混合制成的汉堡包。

381. 蚯蚓的饲养管理注意事项有哪些

（1）加强日常管理　日常要保持它所需要的适宜湿度和温度，避免强光照射，环境要安宁。夏季周围种植玉米等高秆作物遮阴，并洒水降温，保持空气流通。

（2）适时投料　在室内养殖时，养殖床内的饲料经过一定时间后逐渐变成粪便，必须适时给以补料。室外养殖时，要在养殖基地上开挖一定规格的埋料沟，上覆盖一层薄土，以利蚯蚓摄食。

（3）定期清除蚓粪　室内养殖时，必须定期清除蚓粪，以保持环境的清洁。室外养殖时，地上的蚓粪是农作物的好肥料，不必清除。

（4）适时分床　在饲养过程中，种蚓不断产出蚓茧，孵出幼蚓，而其密度就随着增大，会引起外逃和死亡，必须适时分床饲养和收取成蚓。

（5）防止敌害　要采取相应措施有效预防黄鼠狼、青蛙、鸟、鸡、鸭、蛇、老鼠等动物的危害。

382. 吉林省有养殖蚯蚓的吗

吉林省伊通县大孤山镇的宝龙公司是一家专业蚯蚓养殖公司。采用大地养殖法和温室养殖法。由当初的几亩地，发展到现在的150多亩（每亩667平方米）地，用蚓床种玉米，玉米长势非常好。还建了10栋温室（每栋667平方米），搞起了养牛－蚯蚓－养鸡－蚯蚓－养泥鳅的循环养殖。

383. 蚯蚓能在吉林省的气温下越冬吗

宝龙公司经过大量的观察和实验，掌握了蚯蚓的生活习性和养殖方法。蚯蚓的保种温度是零上5度，保证存活。繁殖温度在20℃左右为最佳，最适宜湿度为60%。蚯蚓的繁殖周期为42天，根据种蚓的年龄不同，每个卵能孵化出2～8条蚯蚓。他们养的蚯蚓，在温室里晚间采取简易供暖设备供暖，白天自然光照供暖的情况下，已经安全度过两个冬天，并能保持繁殖。

384. 肉鸡棚内养蚯蚓效益如何

蚯蚓和肉食鸡的立体养殖，可以称得上是一种循环养殖的好模式。一个温室可以一次养殖 2 000 只鸡，以 2007 年 5 月的肉鸡行情，1 只肉鸡能有 5 元钱的收入。正常的全价饲料每吨是 3 200 元，蚯蚓做饲料可以替代部分鱼粉、骨粉，加上部分麸皮、玉米，较正常的全价饲料成本大幅度下降。每个温室肉鸡 52 天出栏，蚯蚓 50 天也分床了。一个 667 平方米的温室产值在 15 000 元左右，这种综合养殖模式是有账可算的。

385. 大地饲养蚯蚓效益如何

饲养床是 1.2 米宽、50 米长，一个床是 60 平方米。投种量每平方米 1 千克，总的投放量 60 千克，大地养殖蚯蚓完全采用新鲜牛粪进行投喂蚯蚓。蚯蚓铺到地里时施入腐熟的有机肥料，上面用土覆盖 10 厘米左右，然后上面摆放牛粪，经常注意灌溉或排水。牛粪堆放时要呈梅花状，每堆牛粪之间有空隙，是为蚯蚓设立的暂缓带进行有氧呼吸，等牛粪里面的氨气、甲烷气体散净以后，蚯蚓就过来吃。一个夏天，60 平方米一个床可以生产 250 千克以上的蚯蚓，最低的市场销售是 20 块钱 1 千克，那么就有 5 000 元钱的收入，成本主要是牛粪、稻草和人工。每亩（667 平方米）可养 5～6 床蚯蚓，除去成本收入是有账算的。所以，这是一种适于农村多种用途、简单易行的养殖方法。

386. 蚯蚓是如何收取的

（1）光照驱法　利用蚯蚓的避光特性，在阳光或灯光的照射下，取养殖床含蚯蚓粪料，放到水泥地面或塑料布上，用刮板逐层刮料，此时粪料成功与蚯蚓分离，驱使蚯蚓钻到下部，最后蚯蚓聚集成团，蚓粪与蚯蚓同时可收取。

（2）甜食诱捕法　利用蚯蚓爱吃甜料的特性，采收前可在旧饲料表面放置一层腐烂的水果和西瓜皮等，经 2～3 天，蚯蚓大量聚集在烂水果里，这时即可将成群的蚯蚓取出，经筛网清理杂质即可。

（3）水驱法　在植物收获后，即可灌水驱出蚯蚓，或在雨天早晨蚯蚓大量爬出地面时，组织力量突击采收。

（4）红光夜捕法　此法适于大地养殖，在凌晨 3～4 点钟，携带红灯或弱光的电筒，在田间进行采收。

387. 蝇蛆的营养和产量怎样

蝇蛆的营养成分较全面，含有动物所需的 17 种氨基酸，同时，蝇蛆还含有多种生命活动所需要的微量元素。苍蝇的繁殖能力强，可谓生产蛋白质的高效机器。以日产 50 千克鲜蛆的生产规模为例，一般投资 500～600 元即可。苍蝇养殖可采取笼养技术，一个 8～10 平方米的房间可立体放置 1 立方米的蝇笼 5～8 个，10 平方米的蝇房保证至少产出两万只以上苍蝇，饲养的成虫即可满足日产 50 千克蝇蛆需要的卵块。蝇蛆养殖的生产场所要求不是十分严格，在农村利用破旧闲置室房即可饲养。

388. 蝇蛆养殖的经济效益怎样

利用蝇蛆喂养畜、禽、水产、林蛙经济效益十分可观。如用蝇蛆为主饲料喂养蛋鸡，在其他条件相同的情况下，产蛋率比喂全价饲料的蛋鸡提高 20%。用全价饲料喂养的蛋鸡，每只成本是 37～40 元，产出的蛋每千克的市场售价是 6 元左右。而用蝇蛆喂养的蛋鸡，每只成本只需 30 元，产出的蛋要经过包装、商品名称注册，得到相关部门认证，认证后投放到大中城市超市，每千克市场售价可达到 15～18 元。

389. 苍蝇养殖需要什么条件

首先是苍蝇房舍的温度控制。苍蝇的活动受温度影响很大，它在 4℃～7℃时仅能爬行，10℃～15℃时可以飞翔，20℃以上才能摄食、交配、产卵，35℃时尤其活跃。吉林省适合苍蝇生长繁殖的时间不多，大部分时间是气温较低，昼夜温差大，在自然条件下，苍蝇产卵较少，甚至不产卵。要保证苍蝇正常产卵，蝇蛆产量稳定，须对蝇房实施保温措施。在房间内用泡沫板或塑料膜隔出一些较小空间，做成4～10立方米的密封保温养蝇房，（适当留排气孔），把苍蝇集中在这些蝇房中单独饲养。光线较差的养蝇房需挂一个100瓦以上的灯泡进行补光。蝇房在保温情况下仍不到20℃以上时，要进行适当增温，较小的蝇房可使用电灯或电炉进行增温；稍大的蝇房，可在里面放置蜂窝煤炉进行增温，炉子要加罩子，用铁皮烟筒把煤气导出蝇房，防止有害气体毒死苍蝇。

390. 苍蝇怎样饲养

10平方米的蝇房保证至少两万只以上苍蝇数量，每隔2～3天要留出适量的蝇蛆，让其变成蛹羽化苍蝇，因为苍蝇的寿命一般为15天左右，种蝇每天都在老化死亡。每天早上都要定时喂料，投喂的配料为：水350克、红糖50克和少量奶粉，为了提高苍蝇产卵量，再加入2克催卵素，喂3天停3天。以上原料溶化后加入食盘海绵中，另用小盘盛装少量红糖块供苍蝇采食，食盘和海绵每隔1～2天须进行清洗。每天下午用盆装上集卵物，放到蝇房让苍蝇到上面产卵。集卵物可采用新鲜动物内脏或麦麸拌新鲜猪血等。傍晚用少许集卵物盖住卵块利于孵化，第2天把集卵物和卵块一起端出放到育蛆池粪堆上。

391. 饲喂蝇蛆的饲料有哪些

(1) 猪粪60％，鸡粪40％。

(2) 鸡粪60％，猪粪40％。

(3) 猪粪80％，酒糟10％，玉米或麦麸10％。

(4) 牛粪30％，猪粪或鸡粪60％，米糠或玉米粉10％。

(5) 豆腐渣或木薯渣20％～50％，鸡、猪粪50％～80％。

(6) 鸡粪100％或猪粪100％。

把粪料配制好后，再加入约10％切细的秸秆，均匀浇入EM活性菌每吨5千克，使粪料含水量达到90％～100％，置于发酵池中密封发酵。第3天进行翻动，每吨粪再加入3千克EM活性菌，一般5～6天后粪料即可使用。春天气温较低，粪料发酵时间适当延长。

392. 蝇蛆培育注意哪些环节

粪料经过发酵后，堆入到育蛆池中，堆3～5条高度为20～30厘米的垄条状粪埂。把从蝇房里取出的带蝇卵的集卵物加在粪料上，第2天再加1次，孵出的小蛆会钻入粪料中采食。

培育过程中，若发现孵出的小蛆一直在粪料表面徘徊，不钻入粪中，应适当添加麸皮拌猪血或新鲜动物内脏进行饲喂。蝇蛆还未长大就从粪料中出来到处乱爬，说明粪料透气性差或是粪料养分已消耗殆尽，应根据情况进行翻料或是尽快添加新粪料。一般6天左右，粪料中的蝇蛆全部爬出，粪料养分也基本消耗，应把残料全部铲出，换进新的粪料又进行生产培育。铲出的残料加入EM活性菌进行密封发酵6～7天后，再用于饲养蚯蚓或做有机肥。

393. 蝇蛆怎样分离

（1）大小盆分离法　在一个较大的盆内放上一个较小的塑料盆，将小盆的四壁用湿布抹湿，将蛆、料倒入小盆中，厚度为2厘米左右，蝇蛆即会沿盆壁爬入大盆中。

（2）光分离法　用一个孔眼大小能够让蛆钻过的筛子放于塑料盆上，将蛆料先加水拌湿后倒入筛中，厚度以不超过2厘米为佳。将其置于阳光下，由于蝇蛆有怕光的习性，会拼命往下钻而掉入下面的盆中。

（3）自动分离　建有养蛆房的，可在育蛆池周围放些疾盂之类的容器，利用羽化前自动往外爬的习惯，让其自动分离。

394. 黄粉虫的市场前景怎样

黄粉虫，也叫面包虫，是鸟、龟、蝎、蛇、鱼、林蛙等的饲料，也是具有高蛋白、低脂肪和奇香特点的绿色昆虫食品，目前国内、国际市场都有需求。黄粉虫及加工产品"汉虾粉"已进入超市。用黄粉虫加工的"昆虫蛹菜"经烘烤和煎炸后有奇香、口感好、风味独特，在国内如广州、上海等大城市的酒店已经开始消费"昆虫蛹菜"了。在外国如日本、韩国、英国、德国、法国等也早已成为大众普通菜肴。鲜虫在北京的大钟寺、上海的铜川路已批量销售，每千克价格高达 48 元。所以说，黄粉虫养殖形成产业势在必行，被誉为是继"家蚕"和"蜜蜂"之后的第三大昆虫产业。将是一条农民发家致富的黄金之路。

395. 黄粉虫养殖要求什么条件

城乡居民住房或简易温棚用木盒、木架等均可养殖。黄粉虫是昆虫系列中最易饲养的昆虫，它的环境适应能力强，只要控制好温度和湿度。充足的麦麸、玉米皮、豆粕、农作物秸秆、青菜、秧蔓、酒糟、鸡粪等都是好饲料。黄粉虫最适宜的温度是室温 22℃～30℃，低于 18℃ 不正常繁殖、生长，但不会死亡。室温超过 35℃ 要降温，温度过高会影响生长。

396. 黄粉虫养殖的效益怎样

农户养殖的经济效益如何呢？以 20 平方米为例的投入计算，可投放 25 千克种虫，每千克种虫 24 元×25＝600 元，木架 200 元，200 个木箱 1 400 元，饲料、人工成本 7 元×25＝175 元。总投入 2 715 元。其产出 3.5 个月后进入盛产期，25 千克种虫如果温度、湿度控制好，饲养管理得好，每月可产出 200 千克鲜虫，连产 3 个月可产 600 千克鲜虫。收购价每千克 11 元×600＝6 600 元，减去投入 2715 元，收益是 3 885 元，40 平方米养虫的收入比种植 1 公顷玉米的收入要高，劳动强度要小得多。如果是冬天还要去除采暖成本。

397. 养殖黄粉虫的市场条件是什么

我每天都能接到农民朋友要养殖黄粉虫的咨询电话，他们在网上或电视看到河南、山东等地养殖企业回收产品的信息，认为回收产品就是好项目。我首先问他那么远你够得上吗？算过运输成本了吗？所以，你养之前一定要考虑好养它干什么。要是为蛙、鸟、鱼市场供应鲜虫，市场需求量很小，况且东三省主要城市市场已经被少数人垄断。要是做黄粉虫产业，一定要依托企业进行订单生产，运输的距离和成本是你必须考虑的问题。要是作为其他养殖业的蛋白饲料的补充，可以随心所欲想怎么养就怎养，但也要好好算算成本账。

398. 吉林省柞蚕放养现状和放养条件是什么

吉林省全年放养柞蚕 8 465 把，产柞蚕茧 7 340.95 吨，有延边、吉林、通化等 25 个县区开展柞蚕生产。吉林省现有柞林 130 万公顷，其中宜蚕柞林近 50 万公顷，当前仅利用柞林面积 7.34 万公顷，只占可利用资源总量的 15%，发展柞蚕生产的潜力很大。吉林省属于雨热同季，绝大部分市县适合柞蚕养殖。要投入养蚕的农民，前提是你是否有承包的荒山或者薪炭林（烧柴场），而且柞树占 70% 以上，坡度在 30% 以下的环境条件。

399. 吉林省柞蚕的品种优势有哪些

吉林省除生产大量的商品蚕以外，更大的优势是蚕种生产多元化，为东三省的柞蚕生产提供优良品种。吉林省有吉林省蚕业科学研究所试验种场、敦化蚕种场、东辽蚕种场和通化蚕种场，而在近 10 年间又先后成立了近 30 家民营蚕种场。制繁种都能坚持统一标准，接受统一检查，质量有保证，放养技术配套。自 1994 年推出选大一号品种以来，大二、大三、吉 882、特大茧、高新一号品种等不断推出，并占领东三省市场。春蚕室内培育技术全面推开，基本实现了种卵化供应。

400. 吉林省柞蚕有哪些产品

柞蚕的主要产品是柞蚕丝，是高档的纺织原料。蚕蛹综合利用产品更多。首先是食用价值。柞蚕蛹菜肴就有 40 多种烹调方法，柞蚕蛹面包和柞蚕蛹蛋糕等相继出现市场。其次是药用价值，目前有"天蛾精口服液"获得国家准字号批准；滋补营养酒——仙蛾大补酒获第 9 届中国发明展览会金杯奖；雄蛾酒、雄蛾三鞭酒等，畅销省内外；"爱心舒丽液"已问世多年；吉林省蚕业科学研究所在柞蚕蛹上培育出了柞蚕蛹虫草，被定名为北冬虫夏草，准许进入中药材市场；营养型白酒——仙宫营养酒，1994 年获第 8 届中国发明展览会铜牌奖。三是蛹的原料，柞蚕蛹油研制的柔姿系列化妆品等数不胜数。